大学物理入門編

初めから学べる
熱力学
■ キャンパス・ゼミ ■

大学物理を楽しく短期間で学べます！

馬場敬之

マセマ出版社

◆ はじめに ◆

みなさん，こんにちは。マセマの馬場敬之（ばばけいし）です。これまで発刊した**大学物理『キャンパス・ゼミ』シリーズ（力学，熱力学，電磁気学など）**は多くの方々にご愛読頂き，大学物理の学習の新たなスタンダードとして定着してきたようで，嬉しく思っています。

しかし，度重なる大学入試制度の変更により，**理系**の方でも，**推薦入試や共通テスト**のみで，本格的な大学受験問題の洗礼を受けることなく進学した皆さんにとって，**大学の物理の敷居は相当に高く感じる**はずです。また，高校で物理をかなり勉強した方でも，大学で物理学を学ぼうとすると，**"微分積分"**や，特に**"2変数関数の偏微分や全微分"**など…の知識が必要となるので，これらに習熟していない皆さんにとって，**大学の物理の壁は想像以上に大きい**と思います。

しかし，いずれにせよ大学の物理を難しいと感じる理由，それは，
「大学の物理を学習するのに必要な基礎力が欠けている」からなのです。

これまでマセマには，「高校レベルの物理から大学の物理へスムーズに橋渡しをする，分かりやすい参考書を是非マセマから出版してほしい」という読者の皆様からの声が，連日寄せられて参りました。確かに，**「欠けているものは，満たせば解決する」**わけですから，この読者の皆様のご要望にお応えするべく，この『**初めから学べる 熱力学キャンパス・ゼミ**』を書き上げました。

本書は，大学の熱力学に入る前の基礎として，高校で学習する**"気体の状態方程式"**や**"気体の分子運動論"**や**"熱力学第1法則"**などから，大学で学ぶ基礎的な熱力学まで，明解にそして親切に解き明かした参考書なのです。もちろん，大学の熱力学の基礎ですから，物理的な思考力や応用力だけでなく，数学的にも相当な基礎学力が必要です。本書は，**短期間でこの熱力学の基礎学力が身に付く**ように工夫して作られています。

さらに、"ファン・デル・ワールスの状態方程式"や"エンタルピー"や"マイヤーの関係式"や"ポアソンの関係式"や"クラウジウスの原理"、それに"エントロピー"や"熱力学的関係式"など、高校で習っていない内容のものでも、これから必要となるものは、**その基本を丁寧に解説**しました。ですから、本書を一通り学習して頂ければ、**大学の物理へも違和感なくスムーズに入っていける**はずです。

この『初めから学べる 熱力学キャンパス・ゼミ』は、全体が **6** 章から構成されており、各章をさらにそれぞれ **10** ページ程度のテーマに分けていますので、非常に読みやすいはずです。大学の物理を難しいと感じたら、**本書をまず 1 回流し読みする**ことをお勧めします。初めは公式の証明などは飛ばしても構いません。小説を読むように本文を読み、図に目を通して頂ければ、**初めから学べる 熱力学の全体像**をとらえることができる。この**通し読みだけなら、おそらく 1 週間もあれば十分**だと思います。

1 回通し読みが終わりましたら、後は各テーマの詳しい解説文を**精読**して、例題も**実際に自力で解きながら**、勉強を進めていきましょう。

そして、この精読が終わりましたら、大学の**熱力学**の講義を受講できる力が十分に付いているはずですから、自信を持って、講義に臨んで下さい。その際に、本格的な参考書『熱力学 キャンパス・ゼミ』が大いに役に立つはずですから、是非利用して下さい。

それでも、講義の途中で**行き詰まった箇所**があり、上記の推薦図書でも理解できないものがあれば、**基礎力が欠けている証拠**ですから、またこの『初めから学べる 熱力学キャンパス・ゼミ』に戻って、所定のテーマを再読して、**疑問を解決**すればいいのです。読者の皆様が、本書により大学の物理に開眼され、さらに楽しみながら強くなって行かれることを願ってやみません。

マセマ代表 馬場 敬之

本書はこれまで出版されていた、「大学基礎物理 熱力学キャンパス・ゼミ」をより親しみをもって頂けるように「初めから学べる 熱力学キャンパス・ゼミ」とタイトルを変更したものです。本書では新たに、**Appendix**(付録)としてロジスティック曲線の微分方程式の問題を追加しました。

3

◆ 目 次 ◆

講義 1 微分・積分の基本

§1. 1 変数関数の微分・積分 ……………………………… **8**
§2. 2 変数関数の微分 …………………………………… **24**
● 微分・積分の基本 公式エッセンス ………………………… **30**

講義 2 熱力学の基本

§1. 理想気体の状態方程式 ……………………………… **32**
§2. 気体の分子運動論 …………………………………… **44**
§3. ファン・デル・ワールスの状態方程式 ………………… **54**
● 熱力学の基本 公式エッセンス ……………………………… **66**

講義 3 熱平衡と熱力学第 1 法則

§1. 熱力学第 1 法則 …………………………………… **68**
§2. 比熱と断熱変化 …………………………………… **82**
● 熱平衡と熱力学第 1 法則 公式エッセンス ……………… **100**

4

講義 4 熱力学第 2 法則

§1. カルノー・サイクル ……………………………………… **102**

§2. 熱力学第 2 法則 ……………………………………… **118**

● 熱力学第 2 法則 公式エッセンス ……………………………… **132**

講義 5 エントロピー

§1. カルノー・サイクルとエントロピー ……………………… **134**

§2. エントロピー増大の法則 ………………………………… **148**

● エントロピー 公式エッセンス ……………………………… **162**

講義 6 熱力学的関係式

§1. U と H の熱力学的関係式 ……………………………… **164**

§2. 2 つの自由エネルギー F と G ………………………… **174**

● 熱力学的関係式 公式エッセンス ………………………… **197**

◆ *Appendix*（付録）………………………………………… **198**

◆ *Term・Index*（索引）……………………………………… **200**

5

微分・積分の基本

▶1 変数関数の微分・積分

$$\text{微分公式}: (x^\alpha)' = \alpha x^{\alpha-1} \quad \text{など}$$

$$\text{積分公式}: \int x^\alpha dx = \frac{1}{\alpha+1} x^{\alpha+1} + C \quad (\alpha \neq -1) \quad \text{など}$$

$$\text{変数分離形の微分方程式}: f(y)dy = g(x)dx$$

▶2 変数関数の微分

$$\text{偏微分}: \frac{\partial f(x, y)}{\partial x}, \; \frac{\partial f(x, y)}{\partial y}$$

$$\text{全微分}: dz = \frac{\partial f}{\partial x} dx + \frac{\partial f}{\partial y} dy$$

§1. 1変数関数の微分・積分

これから，大学の"熱力学"を学ぶ上で必要不可欠な"微分・積分"の基本について解説しよう。熱力学で扱う関数は"1変数関数"と"2変数関数"が中心であるので，ここではまず，1変数関数 $f(x)$ や $g(x)$ の微分・積分について教えよう。

もちろん，熱力学の講義なので，微分・積分の中でも，特に熱力学をマスターする上で必要なものに絞って解説するつもりだ。これで熱力学の解説も容易に理解できるようになるので，ここでシッカリ基礎固めをしておこう！

● **微分計算の基本公式を復習しよう！**

1変数関数 $f(x)$ の導関数 $f'(x)$ を求めるために必要な**8**つの基本公式を，まず下に示そう。

微分計算の8つの基本公式

(1) $(x^\alpha)' = \alpha x^{\alpha-1}$ **(2)** $(\sin x)' = \cos x$

(3) $(\cos x)' = -\sin x$ **(4)** $(\tan x)' = \dfrac{1}{\cos^2 x}$

> $\sec^2 x$ とも書く。

(5) $(e^x)' = e^x$ $(e \fallingdotseq 2.72)$ **(6)** $(a^x)' = a^x \cdot \log a$

(7) $(\log x)' = \dfrac{1}{x}$ $(x>0)$ **(8)** $\{\log f(x)\}' = \dfrac{f'(x)}{f(x)}$ $(f(x)>0)$

$$\left(\begin{array}{l} \text{ただし，} \alpha \text{は実数，} a>0 \text{ かつ } a \neq 1, \\ \log x, \ \log f(x) \text{は自然対数（底が } e(\fallingdotseq 2.72) \text{の対数）} \end{array} \right)$$

これは，高校レベルの微分公式なんだけれども，この中で，熱力学で良く使われるものは，**(1)** と **(7)** の公式なんだね。

さらに，導関数 $f'(x)$ の性質についても，下にその公式を示そう。

導関数の性質

$f(x)$, $g(x)$ が微分可能なとき，以下の式が成り立つ。

(1) $\{k f(x)\}' = k \cdot f'(x)$ （k：実数定数）

(2) $\{f(x) \pm g(x)\}' = f'(x) \pm g'(x)$ （複号同順）

● 微分・積分の基本

それでは，次の例題で練習しておこう。

例題 1 次の関数を微分しよう。

(1) $y = 3x^{\frac{2}{3}}$

(2) $y = 2x^{\frac{5}{4}} - 4x^{\frac{1}{2}}$

(3) $y = \dfrac{x^2\sqrt{x} - 2\sqrt{x}}{x^2}$

(4) $y = 2\log x + \dfrac{1}{x}$ （$x > 0$）

---

(1) $y' = \left(3x^{\frac{2}{3}}\right)' = 3 \cdot \left(x^{\frac{2}{3}}\right)'$　←　性質 (1)：$\{kf(x)\}' = k \cdot f'(x)$

　　　$= 3 \cdot \dfrac{2}{3} x^{\frac{2}{3}-1} = 2x^{-\frac{1}{3}}$　←　公式 (1)：$(x^\alpha)' = \alpha x^{\alpha-1}$

　　　$= 2 \cdot \dfrac{1}{x^{\frac{1}{3}}} = \dfrac{2}{\sqrt[3]{x}}$ となる。　←　$x^{\frac{1}{\alpha}} = \sqrt[\alpha]{x}$ （x の α 乗根）

(2) $y' = \left(2x^{\frac{5}{4}} - 4x^{\frac{1}{2}}\right)'$　→　微分計算は，(i) 項別に，そして，(ii) 係数を別にして，計算できる。

　　　$= 2\left(x^{\frac{5}{4}}\right)' - 4\left(x^{\frac{1}{2}}\right)'$

　　　　　$\boxed{\dfrac{5}{4}x^{\frac{1}{4}}}$　$\boxed{\dfrac{1}{2}x^{-\frac{1}{2}}}$　←　公式 (1)：$(x^\alpha)' = \alpha x^{\alpha-1}$

　　　$= 2 \cdot \dfrac{5}{4} x^{\frac{1}{4}} - 4 \cdot \dfrac{1}{2} x^{-\frac{1}{2}} = \dfrac{5}{2}\sqrt[4]{x} - \dfrac{2}{\sqrt{x}}$　となる。

(3) $\boxed{x^2 \cdot x^{\frac{1}{2}} = x^{2+\frac{1}{2}}}$　$\boxed{2 \cdot x^{\frac{1}{2}}}$

$y' = \left(\dfrac{\overbrace{x^2\sqrt{x}} - \overbrace{2\sqrt{x}}}{x^2}\right)' = \left(\dfrac{x^{\frac{5}{2}} - 2x^{\frac{1}{2}}}{x^2}\right)' = \left(x^{\frac{5}{2}-2} - 2 \cdot x^{\frac{1}{2}-2}\right)'$

　　　$= \left(x^{\frac{1}{2}}\right)' - 2 \cdot \left(x^{-\frac{3}{2}}\right)' = \dfrac{1}{2} \cdot x^{-\frac{1}{2}} + 3x^{-\frac{5}{2}}$

　　　　　$\boxed{\dfrac{1}{2}x^{-\frac{1}{2}}}$　$\boxed{-\dfrac{3}{2}x^{-\frac{5}{2}}}$　←　公式 (1)：$(x^\alpha)' = \alpha x^{\alpha-1}$

　　　$= \dfrac{1}{2\sqrt{x}} + \dfrac{3}{x^2\sqrt{x}} = \dfrac{x^2+6}{2x^2\sqrt{x}}$ となる。

$\log x$ は自然対数，つまり，$\log x = \log_e x$

(4) $y' = \left(2\log x + \dfrac{1}{x}\right)' = \left(2\log x + x^{-1}\right)'$

　　　$= 2(\log x)' + (x^{-1})' = 2 \cdot \dfrac{1}{x} - 1 \cdot x^{-2} = \dfrac{2x-1}{x^2}$ となって，答えだね。

　　　　　$\boxed{\dfrac{1}{x}}$　$\boxed{-1 \cdot x^{-2}}$　←　公式 (7)：$(\log x)' = \dfrac{1}{x}$

9

次に，3つの微分計算の重要公式を下に示そう。

微分計算の3つの重要公式

$f(x) = f$，$g(x) = g$ と略記して表すと，次の公式が成り立つ。

(1) $(f \cdot g)' = f' \cdot g + f \cdot g'$

(2) $\left(\dfrac{f}{g}\right)' = \dfrac{f' \cdot g - f \cdot g'}{g^2}$

> $\left(\dfrac{分子}{分母}\right)' = \dfrac{(分子)' \cdot 分母 - 分子 \cdot (分母)'}{(分母)^2}$
> と口ずさみながら覚えるといいよ！

(3) 合成関数の微分

$y' = \dfrac{dy}{dx} = \dfrac{dy}{dt} \cdot \dfrac{dt}{dx}$

> 複雑な関数の微分で
> 威力を発揮する公式だ。

それでは，これらの公式を利用することにより，次の例題を解いてみることにしよう。

例題2 次の関数を微分しよう。

(1) $y = x \cdot \log x \quad (x > 0)$ (2) $y = (x^2 - 1) \cdot \log x \quad (x > 0)$

(3) $y = \dfrac{x - 1}{x^2}$ (4) $y = \dfrac{\log x}{x} \quad (x > 0)$

(5) $y = (x^2 + 1)^3$ (6) $y = \dfrac{1}{4x^2 - 1} \quad \left(x \neq \pm \dfrac{1}{2}\right)$

---

(1) $y' = (x \cdot \log x)' = \underset{①}{x'} \cdot \log x + x \cdot \underset{\frac{1}{x}}{(\log x)'}$

> 公式：$(f \cdot g)' = f' \cdot g + f \cdot g'$

$= 1 \cdot \log x + x \cdot \dfrac{1}{x} = \log x + 1$ となる。

(2) $y' = \{(x^2 - 1) \cdot \log x\}' = \underset{2x}{(x^2 - 1)'} \cdot \log x + (x^2 - 1) \cdot \underset{\frac{1}{x}}{(\log x)'}$

$= 2x \cdot \log x + (x^2 - 1) \cdot \dfrac{1}{x} = 2x \log x + \dfrac{x^2 - 1}{x}$ となる。

10

●微分・積分の基本

(3) $y' = \left(\dfrac{x-1}{x^2}\right)' = \dfrac{\overset{\boxed{1}}{(x-1)'}x^2 - (x-1)\cdot \overset{\boxed{2x}}{(x^2)'}}{(x^2)^2}$

公式：
$$\left(\dfrac{f}{g}\right)' = \dfrac{f'\cdot g - f\cdot g'}{g^2}$$

$\qquad = \dfrac{1\cdot x^2 - (x-1)\cdot 2x}{x^4} = \dfrac{x^2 - 2x^2 + 2x}{x^4}$

$\qquad = \dfrac{-x^2 + 2x}{x^4} = \dfrac{-x+2}{x^3}$　となる。

(4) $y' = \left(\dfrac{\log x}{x}\right)' = \dfrac{\overset{\boxed{\frac{1}{x}}}{(\log x)'}\cdot x - \log x \cdot \overset{\boxed{1}}{(x')}}{x^2}$

$\qquad = \dfrac{\dfrac{1}{x}\cdot x - \log x \cdot 1}{x^2} = \dfrac{1 - \log x}{x^2}$　となる。

(5) $y = (x^2+1)^3$ について，$\underset{\boxed{t \text{とおく}}}{x^2+1} = t$ とおいて，これを合成関数の微分により

導関数 y' を求めると，

$$y' = \{\underset{\boxed{t^3}}{(x^2+1)^3}\}' = \dfrac{d(x^2+1)^3}{dx} = \underset{\boxed{\substack{3t^2 \\ =3(x^2+1)^2}}}{\dfrac{dt^3}{dt}}\cdot \underset{\boxed{\substack{(x^2+1)' \\ =2x}}}{\dfrac{dt}{dx}}$$

$\qquad = 3(x^2+1)^2 \cdot 2x = 6x(x^2+1)^2$　となる。

(6) $y = (4x^2-1)^{-1}$ について，$4x^2-1 = t$ とおいて，合成関数の微分により，この導関数を求めると，

$$y' = \{(4x^2-1)^{-1}\}' = \dfrac{d(4x^2-1)^{-1}}{dx} = \underset{\boxed{\substack{-t^{-2} \\ =-(4x^2-1)^{-2}}}}{\dfrac{dt^{-1}}{dt}}\cdot \underset{\boxed{\substack{(4x^2-1)' \\ =8x}}}{\dfrac{dt}{dx}}$$

$\qquad = -(4x^2-1)^{-2}\cdot 8x = -\dfrac{8x}{(4x^2-1)^2}$　となって，答えだ。

11

● 微小な dx や dy の扱い方に慣れよう！

ここで，$y = f(x)$ の導関数を $y' = f'(x)$ として求めたが，この y' は，従属変数 y を独立変数 x で微分したもののことで，これは次のように表すことができる。

$$y' = f'(x) = \frac{dy}{dx} \quad \left(\text{または，} \frac{df(x)}{dx} \right)$$

この導関数 $\frac{dy}{dx}$ の図形的な意味についても復習しておこう。

図1 に示すように，xy 平面上に曲線 $y = f(x)$ が与えられていて，この曲線上に 2 点 $A(x, y)$ と $B(x+\Delta x, y+\Delta y)$ をとることにしよう。すると，この直線 AB の傾きは，$\frac{\Delta y}{\Delta x}$ となり，

図1　$y = f(x)$ の導関数

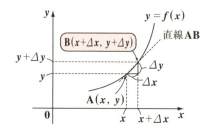

これを "**平均変化率**" と呼ぶ。ここで，$\Delta x \to 0$ として，Δx を 0 に限りなく近づけたものが，曲線 $y = f(x)$ の導関数 $y' = \frac{dy}{dx}$ となるんだね。

これを極限の式で表すと，

$$\lim_{\Delta x \to 0} \frac{\Delta y}{\Delta x} = \frac{dy}{dx} \quad \cdots\cdots ①$$

となるんだね。

（①の極限は $\frac{0}{0}$ の不定形なので，これが，ある x の関数に収束するとき，これを $\frac{dy}{dx}$ で表すということだ。）

したがって，導関数 $y' = \frac{dy}{dx}$ は，図形的には，曲線 $y = f(x)$ 上の点 $A(x, y)$ における接線の傾きを表すことになるんだね。

ここで，この dx は微小な x の変化分，dy は微小な y の変化分と呼ぶことにしよう。

（2変数関数においては，この dx や dy は "**全微分**" と呼ばれる。これについては，次の節で詳しく解説しよう。）

これから，この dx や dy の扱い方を，いくつか例題を使って解説しよう。

(ex1) $y = 2x$ ……① のとき，←（これは，x と y が比例関係であることを示している。）

　　　$dy = 2dx$ ……② と表すことができる。

● 微分・積分の基本

何故なら，①の直線上に 2 点 (x_1, y_1)，(x_2, y_2) $(x_1 < x_2)$ をとると，

$\begin{cases} y_1 = 2x_1 \cdots\cdots ③ \\ y_2 = 2x_2 \cdots\cdots ④ \end{cases}$ となる。よって，

④－③より，$\underbrace{y_2 - y_1}_{\boxed{\varDelta y}} = 2\underbrace{(x_2 - x_1)}_{\boxed{\varDelta x}}$

ここで，$\varDelta x = x_2 - x_1$，$\varDelta y = y_2 - y_1$ とおくと，

$\varDelta y = 2 \cdot \varDelta x \cdots\cdots ⑤$ となる。

よって，$\varDelta x \to 0$ の極限をとると，⑤の左辺は $\varDelta y \to dy$，右辺は

$2\varDelta x \to 2 \cdot dx$ となる。よって，

$dy = 2 \cdot dx \cdots\cdots ②$ が導かれるんだね。大丈夫？

　さらに解説しよう。実は，①式は，$(y \,の式) = (x \,の式)$ の，変数を分離した形をしているので，dx と dy の関係を求めたかったら，左辺の $(y \,の式)$ を y で微分して dy をかけ，右辺の $(x \,の式)$ も x で微分して dx をかけて，これらを等しいとおくことができる。つまり，①より，

$\underbrace{y' \cdot dy}_{\boxed{これは \,y\, で \\ の微分}} = \underbrace{(2x)' \cdot dx}_{\boxed{これは \,x\, で \\ の微分}}$，$1 \cdot dy = 2 \cdot dx$，$\therefore dy = 2dx \cdots\cdots ②$ が導ける。

$(ex2)$ $xy = c \cdots\cdots ⑥$ $(c : 0 \,でない定数)$ について，

この両辺の微小な変化分をとってみよう。すると，

$d(x \cdot y) = \underbrace{dc}_{\boxed{0\,(定数 \,c\, は変化しないので，これは \,0\, になる。)}} \cdots\cdots ⑦$ となる。

⑦の左辺は，公式：$(f \cdot g)' = f' \cdot g + f \cdot g'$ と同様に，

$d(x \cdot y) = y \cdot dx + x \cdot dy \cdots\cdots ⑧$ となる。

> 実際に，$x \cdot y$ を t で微分するとすると，
> $\underbrace{\dfrac{d(x \cdot y)}{dt} = \dfrac{dx}{dt} \cdot y + x \cdot \dfrac{dy}{dt}}_{\boxed{(f \cdot g)' = f' \cdot g + f \cdot g' \,より}}$ となる。形式的に，この両辺に dt をかけると，⑧になる。

よって，⑦は，$y \cdot dx + x \cdot dy = 0 \cdots\cdots ⑨$ となるんだね。

13

これについても，別の導き方を示しておこう。

⑥より，$y = \dfrac{c}{x}$ ……⑩ とおいて，(yの式) = (xの式)の変数分離形にし，

$\underbrace{y' \cdot dy}_{\substack{1 \\ (y\text{で微分})}} = \underbrace{\left(\dfrac{c}{x}\right)' \cdot dx}_{\left(c \cdot x^{-1}\right)' = -1 \cdot c \cdot x^{-2} = -\dfrac{c}{x^2} \; (x\text{で微分})}, \quad 1 \cdot dy = -\dfrac{c}{x^2}dx$ より，$c = xy$ ……⑥ を代入すると，

$dy = -\dfrac{xy}{x^2}dx, \; dy = -\dfrac{y}{x}dx$ 両辺に x をかけて，$xdy = -ydx$，

$y \cdot dx + x \cdot dy = 0$ となって，⑨と同じ式が導けるんだね。面白かった？

● $f'(x)$ の符号を調べて，曲線 $y = f(x)$ を描こう！

関数 $y = f(x)$ の導関数 $f'(x)$ は，曲線 $y = f(x)$ 上の点における接線の傾きを表す関数なので，図2にそのイメージを示すように，

(i) $f'(x) > 0$ のとき，
　　$y = f(x)$ は増加し，
(ii) $f'(x) < 0$ のとき，
　　$y = f(x)$ は減少する。

そして，$f'(x) = 0$ のとき，$y = f(x)$ は，極大(山)や極小(谷)をとる可能性が出てくるんだね。
右図に示すように，$f'(x) = 0$，すなわち，接線の傾きが 0 となる点でも，極大や極小とならない点もあるので気を付けよう。
さらに，曲線 $y = f(x)$ は，$f(x)$ が 2 階の導関数 $f''(x)$ をもつとき，

図2 $f'(x)$ の符号と $f(x)$ の増減

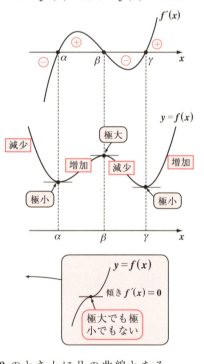

(i) $f''(x) > 0$ のとき下に凸，(ii) $f''(x) < 0$ のとき上に凸の曲線となる。
それでは，$f'(x)$ の符号を調べることにより，関数 $y = f(x)$ のグラフを求めよう。

● 微分・積分の基本

例題 3 関数 $y = f(x) = 4\sqrt{x} - 2x$ $(x > 0)$ の増減と極値，および，極限 $\lim_{x \to \infty} f(x)$ を調べて，関数 $y = f(x)$ のグラフの概形を描こう。

関数 $y = f(x) = 4 \cdot x^{\frac{1}{2}} - 2x$ $(x > 0)$ を x で微分して，

$$f'(x) = 4 \cdot \underbrace{(x^{\frac{1}{2}})'}_{\frac{1}{2}x^{-\frac{1}{2}}} - 2\underbrace{x'}_{1} = 4 \cdot \frac{1}{2\sqrt{x}} - 2 \cdot 1 = \frac{2}{\sqrt{x}} - 2 = \frac{2(1 - \sqrt{x})}{\sqrt{x}}$$

となる。

$\widetilde{f'(x)} = \begin{cases} \oplus \\ 0 \\ \ominus \end{cases}$

ここで，$x > 0$ より，$\dfrac{2}{\sqrt{x}} > 0$ となって，$f'(x)$ の符号には関係しない。したがって，$f'(x)$ の符号 ($\oplus, \ominus$) に関係する本質的な部分を $\widetilde{f'(x)}$ とおくと，$\widetilde{f'(x)} = 1 - \sqrt{x}$ $(x > 0)$ となる。このグラフは図(i)のようになるので，
(i) $0 < x < 1$ のとき，$f'(x) > 0$ より，$f(x)$ は増加し，
(ii) $x = 1$ のとき，$f'(x) = 0$ より，$f(x)$ は極大値をとる。
(iii) $1 < x$ のとき，$f'(x) < 0$ より，$f(x)$ は減少する。
以上より，関数 $y = f(x)$ のグラフは図(ii)に示すように，$x = 1$ で極大値 $f(1)$ をとることが分かるんだね。

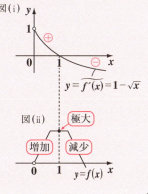

$f'(x) = 0$ のとき，$1 - \sqrt{x} = 0$ $\sqrt{x} = 1$ ∴ $x = 1$ となる。

よって，$y = f(x)$ の増減表は右のようになる。これから，$y = f(x)$ は $x = 1$ で極大値 $f(1) = 4 \cdot \sqrt{1} - 2 \cdot 1 = 4 - 2 = 2$ をとる。

さらに，$y = f(x)$ の $x \to +0$ と $x \to \infty$ の極限を求めると，

$$\lim_{x \to +0} f(x) = 4\sqrt{0} - 2 \cdot 0 = 0$$

$$\lim_{x \to \infty} f(x) = \lim_{x \to \infty}(4\sqrt{x} - 2x) = \lim_{x \to \infty} \underbrace{2\sqrt{x}}_{+\infty} \underbrace{(2 - \sqrt{x})}_{-\infty} = \infty \times (-\infty) = -\infty$$ になる。

$y = f(x)$ の増減表 $(x > 0)$

x	(0)		1	
$f'(x)$		$+$	0	$-$
$f(x)$	(0)	↗	2	↘

極大値

15

さらに，$f(4) = 4\sqrt{4} - 2 \cdot 4 = 8 - 8 = 0$
より，関数 $y = f(x) = 4\sqrt{x} - 2x \ (x > 0)$
のグラフの概形を示すと，右図のように
なるんだね。大丈夫だった？

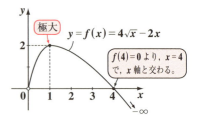

● 不定積分と定積分の基本も押さえておこう！

$F(x)$ の導関数が $f(x)$ のとき，すなわち，
$F'(x) = f(x)$ のとき，$F(x)$ を $f(x)$ の"原始関数"という。例として，
$f(x) = 2x + 1$ とすると，$F(x) = x^2 + x + C$ （C：積分定数）となる。このと
き，確かに $F'(x) = (x^2 + x + C)' = 2x + 1 = f(x)$ をみたすからだね。このよ
うに，原始関数 $F(x)$ は積分定数 C に何がきてもいいので，無数に存在する
ことになる。よって，無数に存在する原始関数の内の 1 つを，たとえば，上
の例では $F(x) = x^2 + x$ とおき，これに積分定数 C を加えたものを，$f(x)$ の
"不定積分" $F(x) + C$ と定める。また，$f(x)$ のことは "被積分関数" という。

それでは，不定積分の定義を，記号法と共に下に示そう。

不定積分の定義

$f(x)$ の原始関数の 1 つが $F(x)$ のとき，$f(x)$ の不定積分を $\int f(x)dx$
で表し，これを次のように定義する。

"インテグラル・$f(x) \cdot dx$" と読む。

$$\int f(x)dx = F(x) + C$$

（$f(x)$：被積分関数，$F(x)$：原始関数の 1 つ，C：積分定数）

つまり，$F'(x) = f(x) \Longleftrightarrow \int f(x)dx = F(x) + C$ の関係なんだね。さらに，

$F(x) + C \xrightarrow[積分]{微分} f(x)$ から，不定積分が微分の逆の操作であることも分かるね。
したがって，微分のときと同様に，不定積分にも 8 つの基本公式があるの
で，これらを次にまとめて示そう。

● 微分・積分の基本

不定積分の8つの基本公式

$(1) \displaystyle\int x^{\alpha}\, dx = \frac{1}{\alpha+1}x^{\alpha+1} + C$ $(2) \displaystyle\int \cos x\, dx = \sin x + C$

$(3) \displaystyle\int \sin x\, dx = -\cos x + C$ $(4) \displaystyle\int \frac{1}{\cos^2 x}\, dx = \tan x + C$

$(5) \displaystyle\int e^x\, dx = e^x + C$ $(6) \displaystyle\int a^x\, dx = \frac{a^x}{\log a} + C$

$(7) \displaystyle\int \frac{1}{x}\, dx = \log|x| + C$ $(8) \displaystyle\int \frac{f'(x)}{f(x)}\, dx = \log|f(x)| + C$

(ただし, $\alpha \neq -1$, $a > 0$ かつ $a \neq 1$, 対数は自然対数, C：積分定数)

ただし，熱力学では，複雑な積分計算は必要ない。主に，(1)と(7)を利用することになる。(7)の右辺が，$\log|x|$ となっているのは，$x < 0$ の場合にも対応するためなんだね。よって，$x > 0$ であれば，当然(7)の公式は，$\displaystyle\int \frac{1}{x}\, dx = \log x + C$ となる。(8)も同様だ。

また，微分のときと同様に，不定積分には次の2つの性質がある。

不定積分の2つの性質

$(1) \displaystyle\int k f(x)\, dx = k \int f(x)\, dx$ (k：定数)

$(2) \displaystyle\int \{f(x) \pm g(x)\}\, dx = \int f(x)\, dx \pm \int g(x)\, dx$ （複号同順）

それでは，次の例題で不定積分を実際に求めてみよう。

例題4　次の不定積分を求めよう。(ただし，(2)，(3)では，$x > 0$ とする。)

$(1) \displaystyle\int (3x^2 - 6\sqrt{x})\, dx$ $(2) \displaystyle\int \frac{2x-1}{x}\, dx$ $(3) \displaystyle\int \frac{x^{\frac{7}{3}} - 2x}{x^2}\, dx$

$(1) \displaystyle\int \left(3x^2 - 6x^{\frac{1}{2}}\right) dx$ $\boxed{\displaystyle\int x^{\alpha}\, dx = \frac{1}{\alpha+1}x^{\alpha+1} + C}$ 積分計算では，(i)項別に，そして，(ii)係数を別にして計算できる。

$\quad = 3 \cdot \dfrac{1}{3}x^3 - 6 \cdot \dfrac{2}{3}x^{\frac{3}{2}} + C = x^3 - 4x\sqrt{x} + C$　となる。

17

(2) $\displaystyle\int \frac{2x-1}{x}dx = \int\left(2-\frac{1}{x}\right)dx \quad (x>0)$

$\qquad = 2x - \log x + C$ となる。 $\quad\longleftarrow$ $\boxed{\displaystyle\int \frac{1}{x}dx = \log x + C \quad (x>0)}$

(3) $\displaystyle\int \frac{x^{\frac{7}{3}}-2x}{x^2}dx = \int\left(x^{\boxed{\frac{1}{3}}} - 2\cdot\frac{1}{x}\right)dx \quad (x>0)$

$\boxed{\dfrac{7}{3}-2}$

$\qquad = \dfrac{3}{4}x^{\frac{4}{3}} - 2\log x + C$ となる。 $\qquad (C : 積分定数)$

では次，定積分の計算についても復習しておこう。まず，定積分の定義を下に示そう。

■ 定積分の定義

閉区間 $a \leqq x \leqq b$ で，$f(x)$ の原始関数 $F(x)$ が存在するとき，定積分を次のように定義する。

$$\int_a^b f(x)dx = \Big[F(x)\Big]_a^b = F(b) - F(a)$$

定積分の結果は数値になる。

定積分の計算では，原始関数に積分定数 C がたされていても，
$\Big[F(x)+C\Big]_a^b = F(b)+\cancel{C} - \{F(a)+\cancel{C}\} = F(b) - F(a)$ となって，
どうせ引き算で打ち消し合う。よって，定積分の計算で C は不要だ。

それでは，次の例題で定積分の計算練習をしよう。

例題5 次の定積分を求めよう。

$(1) \displaystyle\int_0^2 \left(6x^2 - 3x^{\frac{1}{2}}\right)dx$ $\qquad$ $(2) \displaystyle\int_1^{e^2} \frac{3x+1}{x}dx \quad (e : 自然対数の底)$

$(1) \displaystyle\int_0^2 \left(6x^2 - 3x^{\frac{1}{2}}\right)dx = \Big[\underline{2x^3 - 2x^{\frac{3}{2}}}\Big]_0^2 = \underline{2\cdot 2^3 - 2\cdot 2^{\frac{3}{2}}} - \left(\cancel{2\cdot 0^3 - 2\cdot 0^{\frac{3}{2}}}\right)$

$\boxed{6\cdot\dfrac{1}{3}x^3 - 3\cdot\dfrac{2}{3}\cdot x^{\frac{3}{2}}}$ $\quad$ $\boxed{2^4 - 2^2\cdot 2^{\frac{1}{2}} = 16 - 4\sqrt{2}}$

$\qquad = 16 - 4\sqrt{2} = 4\left(4 - \sqrt{2}\right)$ となるんだね。

18

(2) $\int_1^{e^2} \dfrac{3x+1}{x}dx = \int_1^{e^2}\left(3+\dfrac{1}{x}\right)dx = \left[3x+\log x\right]_1^{e^2}$

$= 3e^2 + \underbrace{\log e^2}_{\log_e e^2 = 2\log_e e = 2\cdot 1} - (3\cdot 1 + \underbrace{\log 1}_{0\ (\because \log_e 1 = 0,\ e^0 = 1)})$

自然対数の公式
・$\log 1 = 0$
・$\log e = 1$
・$\log x^p = p\log x$

$= 3e^2 + 2 - 3 = 3e^2 - 1$ となって，答えだ。

ここで，定積分 $\int_a^b f(x)dx$ は，面積計算と密接に関係している。$a \leq x \leq b$ の範囲で $f(x) \geq 0$ のとき，右図に示すように，この範囲で曲線 $y=f(x)$ と x 軸とで挟まれる図形の面積 S は，

$S = \int_a^b f(x)dx$ ……(*) で計算できる。

図3 $a \leq x \leq b$ で，$f(x) \geq 0$ のとき 面積 $S = \int_a^b f(x)dx$

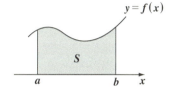

(ex) 例題3で求めた関数

$y = f(x) = 4\sqrt{x} - 2x \quad (x \geq 0)$ のグラフの概形から，$0 \leq x \leq 4$ の範囲で $y = f(x) \geq 0$ より，この曲線と x 軸とで囲まれる図形の面積 S を求めよう。

$S = \int_0^4 f(x)dx = \int_0^4 \left(4\cdot x^{\frac{1}{2}} - 2x\right)dx$

$= \left[\dfrac{8}{3}x^{\frac{3}{2}} - x^2\right]_0^4 = \underbrace{\dfrac{8}{3}\cdot 4^{\frac{3}{2}} - 4^2}_{\frac{8}{3}\cdot (2^2)^{\frac{3}{2}} - 16 = \frac{8}{3}\cdot 2^3 - 16} - \left(\dfrac{8}{3}\cdot 0^{\frac{3}{2}} - 0^2\right)$

$\underbrace{}_{4\cdot \frac{2}{3}x^{\frac{3}{2}} - 2\cdot \frac{1}{2}\cdot x^2}$

$= \dfrac{64}{3} - 16 = \dfrac{64-48}{3} = \dfrac{16}{3}$ と計算できるんだね。大丈夫？

熱力学を学ぶ上でも，この定積分による面積計算はよく出てくるので，ここでシッカリ復習しておくといいんだね。

● 変数分離形の微分方程式を解こう！

微分方程式とは，x や y や y' などの関係式で表される方程式のことで，たとえば，$y'=2y$，$y'=-\dfrac{2y}{x}$ など…，が微分方程式の例なんだね。そして，このような微分方程式をみたす関数を "**微分方程式の解**" と呼び，この解である関数 $y=f(x)$ を求めることを "**微分方程式を解く**" というんだね。

この微分方程式の種類と解法には，実に様々なものがあるんだけれど，熱力学を学ぶ上では，次に示す "**変数分離形**" の解法のみをシッカリ覚えておいてくれたらいいんだね。

変数分離形による解法

与えられた微分方程式 $y'=\dfrac{g(x)}{f(y)}$ を変形して，

$\dfrac{dy}{dx}=\dfrac{g(x)}{f(y)}$ より，$\underline{f(y)dy}=\underline{g(x)dx}$ と変数を分離し，

                                ［y のみの式］　［x のみの式］

両辺の不定積分をとって，$\displaystyle\int f(y)dy=\int g(x)dx$ として，解を求める。

例えば，$y'=2y \cdots ①$（$y \neq 0$）のとき，$\dfrac{dy}{dx}=2y$ より，$\underbrace{\dfrac{1}{y}}_{[y の式]}\cdot dy=\underbrace{2}\cdot dx$ ← 変数分離形

                                       ［定数だけれど，これは x の式と考える。］

よって，この両辺の不定積分を求めて，

$\displaystyle\int \dfrac{1}{y}dy=2\int dx$ より，$\underbrace{\log|y|}_{[\log_e|y|]}=2\cdot x+C_1$ 　（C_1：積分定数）

                                             ［$\log_a b=c$ のとき，$b=a^c$］

よって，$|y|=e^{2x+C_1}$ 　　$\underbrace{y=\pm e^{C_1}\cdot e^{2x}}$ より，

                            ［これを新たな変数 C とおく。］

①の微分方程式の解は，

$y=C\cdot e^{2x}$ 　（C：定数（$C=\pm e^{C_1}$））となるんだね。

それでは，次の例題で，もう 1 題，変数分離形の微分方程式の問題を解いてみよう。

● 微分・積分の基本

例題 6　微分方程式：$y' = -\dfrac{2y}{x}$ ……② $(x \neq 0,\ y \neq 0)$ を解こう。

$y' = -\dfrac{2y}{x}$ ……② $(x \neq 0,\ y \neq 0)$ より，$\dfrac{dy}{dx} = -\dfrac{2y}{x}$

$\underbrace{\dfrac{1}{y}dy}_{\boxed{(y\text{の式})}} = \underbrace{-\dfrac{2}{x}dx}_{\boxed{(x\text{の式})}}$ ← 変数分離形になった！

この両辺の不定積分を求めると，

$\displaystyle \int \dfrac{1}{y}dy = -\int \dfrac{2}{x}dx \qquad \underbrace{\int \dfrac{1}{y}dy}_{\boxed{\log|y|}} = -2\underbrace{\int \dfrac{1}{x}dx}_{\boxed{\log|x|}}$ より，

$\log|y| = -2\log|x| + C_1$　$(C_1：$積分定数$)$ となる。これから，

$\log|y| + \underbrace{2\log|x|}_{\boxed{\log|x|^2 = \log|x^2|}} = C_1$

対数計算の公式：
$\log x^\alpha = \alpha \log x$
$\log xy = \log x + \log y$

$\log \underbrace{|x^2| \cdot |y|}_{\boxed{|x^2 y|}} = C_1$

$\log|x^2 y| = C_1$　　よって，$|x^2 y| = e^{C_1}$ ←

$\log_a b = c$ のとき，
$b = a^c$

$\underbrace{x^2 y = \pm e^{C_1}}_{\boxed{\text{これを新たな定数 } C \text{とおく。}}}$　　∴ $x^2 y = C$　$(C：$定数 $(C = \pm e^{C_1}))$ となる。

これから，微分方程式②の解は，

$y = \dfrac{C}{x^2}$　$(C：$定数$)$ である。

これで，変数分離形の微分方程式の解法にも慣れたと思う。

　以上で，熱力学を勉強する上で必要な 1 変数関数 $y = f(x)$ の微分・積分に関する講義は終了です。次節では，2 変数関数の微分について詳しく解説しよう。

21

| 演習問題 1 | ● グラフの概形 ● |

関数 $y = f(x) = \dfrac{16}{3x-1} - \dfrac{3}{x^2}$ ……① $\left(x > \dfrac{1}{3}\right)$ について，次の問いに答えよ。

(1) $x > \dfrac{1}{3}$ のとき，$f'(x) < 0$ で，$y = f(x)$ は単調に減少することを示せ。

(2) 極限 $\displaystyle\lim_{x \to \frac{1}{3}+0} f(x)$ と $\displaystyle\lim_{x \to \infty} f(x)$ を調べて，関数 $y = f(x)$ のグラフの概形を xy 平面上に描け。

ヒント！ **(1)** $f(x) = 16(3x-1)^{-1} - 3 \cdot x^{-2}$ $\left(x > \dfrac{1}{3}\right)$ を x で微分して，$f'(x)$ の符号に関する本質的な部分が $g(x) = 8x^3 - 9x^2 + 6x - 1$ となることが分かる。よって，この $g(x)$ の符号を調べよう。**(2)** この極限の結果と **(1)** の結果を併せて，$y = f(x)$ のグラフを描こう。

解答＆解説

(1) 関数 $y = f(x) = \dfrac{16}{3x-1} - \dfrac{3}{x^2} = 16(3x-1)^{-1} - 3x^{-2}$ ……① $\left(x > \dfrac{1}{3}\right)$

について，これを x で微分して，導関数 $f'(x)$ を求めると，

$$f'(x) = \{16\underbrace{(3x-1)}^{-1} - 3x^{-2}\}' = 16 \times (-1)(3x-1)^{-2} \times 3 + 6x^{-3}$$

これを t とおいて，合成関数の微分により

$f'(x)$ の符号に関する本質的な部分。今回は，これを $g(x)$ とおいて調べよう。

$$= -\frac{48}{(3x-1)^2} + \frac{6}{x^3} = \boxed{-6 \cdot \frac{8x^3 - (3x-1)^2}{x^3 \cdot (3x-1)^2}} \quad ……②$$

$x > \dfrac{1}{3}$ より，$x^3 > 0$，$(3x-1)^2 > 0$ より，これは常に ⊖ となる部分。

ここで，$x > \dfrac{1}{3}$ より，$-\dfrac{6}{x^3(3x-1)^2} < 0$ となる。よって，$f'(x)$ の符号に関

する本質的な部分を $y = g(x) = 8x^3 - (3x-1)^2 = 8x^3 - 9x^2 + 6x - 1$ ……③

$\left(x > \dfrac{1}{3}\right)$ とおいて，この符号を調べる。まず，$y = g(x)$ ……③ を x で微分

して，

22

$g'(x) = 24x^2 - 18x + 6 = 6(4x^2 - 3x + 1)$

$4x^2 - 3x + 1 = 0$ の判別式を D とおくと，

$D = (-3)^2 - 4 \cdot 4 \cdot 1 = 9 - 16 = -7 < 0$ となる。

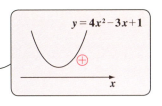

よって，$y = 4x^2 - 3x + 1 > 0$ より，

$g'(x) = 6 \cdot \underbrace{(4x^2 - 3x + 1)}_{\oplus} > 0$ より，$g(x)$ は，単調に増加する。次に，

$g\left(\dfrac{1}{3}\right) = 8 \cdot \left(\dfrac{1}{3}\right)^3 - 9 \cdot \left(\dfrac{1}{3}\right)^2 + 6 \cdot \left(\dfrac{1}{3}\right) - 1$

$= \dfrac{8}{27} - 1 + 2 - 1 = \dfrac{8}{27} > 0$

よって，$y = g(x)$ は，$x > \dfrac{1}{3}$ の範囲において，

常に正である。よって，②より，

$f'(x) = \boxed{-6 \cdot \dfrac{\overset{\oplus}{g(x)}}{\underset{\ominus}{x^3 \cdot (3x-1)^2}}} < 0$ となって，$y = f(x)$ は，$x > \dfrac{1}{3}$ の範囲では，

単調に減少する関数であることが分かった。……………………(終)

(2) $y = f(x) \quad \left(x > \dfrac{1}{3}\right)$ について，2つの極限を求めると，

$\displaystyle\lim_{x \to \frac{1}{3}+0} f(x) = \lim_{x \to \frac{1}{3}+0}\left(\underbrace{\dfrac{16}{3x-1}}_{+0} - \dfrac{3}{x^2}\right) = \dfrac{16}{+0} - \dfrac{3}{\left(\frac{1}{3}\right)^2} = \infty - 27 = \infty$ ……(答)

$\boxed{\dfrac{1}{3} \text{より大きい側から} \dfrac{1}{3} \text{に近づける。}}$

$\displaystyle\lim_{x \to \infty} f(x) = \lim_{x \to \infty}\left(\underbrace{\dfrac{16}{3x-1}}_{\infty} - \underbrace{\dfrac{3}{x^2}}_{\infty}\right) = \dfrac{16}{\infty} - \dfrac{3}{\infty} = 0 - 0 = 0$ ………………(答)

以上より，関数 $y = f(x) \left(x > \dfrac{1}{3}\right)$
のグラフの概形は右図のように
なる。………………………(答)

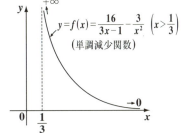

§2. 2変数関数の微分

熱力学では，たとえば1つの変数 p（圧力）が，2つの変数 V（体積）と T（温度）の関数，すなわち，$p = f(V, T)$ の形の2変数関数で表される。これは数

> 理想気体の状態方程式：$pV = nRT$ より，$p = f(V, T) = nR \cdot \dfrac{T}{V}$ （nR：定数）
> のように表されるんだね。

学上一般的には，従属変数 z が，2つの独立変数 x と y の関数として，$z = f(x, y)$ と表される。この2変数関数 $z = f(x, y)$ についての微分には，(i) **偏微分**と (ii) **全微分**があり，これが熱力学を勉強していく上で特に重要なんだね。ここでは，例題を解くことにより，この偏微分と全微分を実際に計算できるように練習しよう。

● **一般に，2変数関数 $z = f(x, y)$ は，曲面を表す！**

z を従属変数とし，2つの独立変数 x, y をもつ2変数関数 $z = f(x, y)$ ……① は，図1に示すように，点 $(x, y, 0)$ が与えられれば①により z の値が決まり，点 $\mathrm{P}(x, y, z)$ が定められる。

よって，この点 P が動くことにより，図1に示すように①の $z = f(x, y)$ は，xyz 座標空間上におけるある曲面を表すと考えていいんだね。

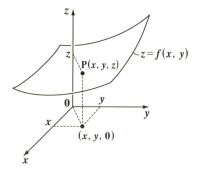

図1 曲面 $z = f(x, y)$

いくつか例を挙げておこう。

(1) $z = f(x, y) = 2x + 3y^2 + 1$

(2) $z = g(x, y) = 2x \cdot \log y - x^2 y$ 　　($y > 0$)

(3) $z = h(x, y) = \dfrac{2y}{x^3} + \dfrac{\log x}{(y-1)^2}$ 　　($x > 0$)

● 微分・積分の基本

そして，これら2変数関数の導関数には，（ i ）偏微分と（ ii ）全微分の2種類が存在する。これらの計算の仕方について教えよう。

● 偏微分 $\dfrac{\partial z}{\partial x}$ と $\dfrac{\partial z}{\partial y}$ を求めよう！

2変数関数 $z = f(x, y)$ は，当然 x, y それぞれによる導関数をもつ。これらはそれぞれ，

（ i ）z の x による偏微分（または，偏導関数）は，次のように表される。

$$\frac{\partial z}{\partial x} = \frac{\partial f(x, y)}{\partial x} = \frac{\partial f}{\partial x}$$

これは，y を定数とみなして x で偏微分したもののことだ。

> z が x の1変数関数：$z = f(x)$ であるとき，z の x による微分を常微分と呼び，$\dfrac{dz}{dx} = \dfrac{df}{dx}$ などと表す。今回は，z は2変数関数なので，偏微分 $\dfrac{\partial z}{\partial x} = \dfrac{\partial f}{\partial x}$ などで表す。

これは "ラウンドz, ラウンドx" などと読む。

（ ii ）z の y による偏微分（または，偏導関数）は，次のように表される。

$$\frac{\partial z}{\partial y} = \frac{\partial f(x, y)}{\partial y} = \frac{\partial f}{\partial y}$$

これは，x を定数とみなして y で偏微分したもののことだ。

これは "ラウンドz, ラウンドy" などと読む。

2つの偏微分 $\dfrac{\partial f}{\partial x}$, $\dfrac{\partial f}{\partial y}$ は，それぞれ，曲面 $z = f(x, y)$ 上の点 $P(x, y, z)$ における（ i ）x 軸方向の偏導関数と（ ii ）y 軸方向の偏導関数のことなんだね。

> より正確には，曲面 $z = f(x, y)$ を，点 $P(x, y, z)$ を通り y 軸に垂直な平面で切ってできる曲線の点 P における接線の傾きのこと。

> より正確には，曲面 $z = f(x, y)$ を，点 $P(x, y, z)$ を通り x 軸に垂直な平面で切ってできる曲線の点 P における接線の傾きのこと。

そして，数学では，これらを略記して，$\dfrac{\partial f}{\partial x} = f_x$，$\dfrac{\partial f}{\partial y} = f_y$ と表すこともある。

しかし，熱力学では，この右下の添字は別の意味で使うので，偏微分を f_x や f_y などでは表さないことにしよう。（P41の 注意 を参照）

25

2変数関数 $z = f(x, y)$ の（ⅰ）偏導関数 $\dfrac{\partial f}{\partial x}$ を求める場合，y を定数と考えて，x で微分し，また，（ⅱ）偏導関数 $\dfrac{\partial f}{\partial y}$ を求める場合，x を定数と考えて，y で微分すればいいんだね。次の例題で，各偏導関数を実際に求めてみよう。

例題 7 次の各2変数関数の（ⅰ）x による偏微分と（ⅱ）y による偏微分を求めよう。

(1) $z = f(x, y) = 2x + 3y^2 + 1$ …………①

(2) $z = g(x, y) = 2x \cdot \log y - x^2 \cdot y$ ……② $(y > 0)$

(3) $z = h(x, y) = \dfrac{2y}{x^3} + \dfrac{\log x}{(y-1)^2}$ ……③ $(x > 0)$

---

(1)（ⅰ）①の x による偏導関数を求めると，

$$\frac{\partial f}{\partial x} = \frac{\partial}{\partial x}(2x + \underline{3y^2 + 1}) = 2 \text{ である。} \quad \Leftarrow \boxed{y \text{を定数と考える！}}$$

$\boxed{\text{定数扱い}}$

（ⅱ）①の y による偏導関数を求めると，

$$\frac{\partial f}{\partial y} = \frac{\partial}{\partial y}(2x + 3y^2 + 1) = 3 \cdot 2y = 6y \text{ である。} \quad \Leftarrow \boxed{x \text{を定数と考える！}}$$

$\boxed{\text{定数扱い}}$

(2)（ⅰ）②の x による偏導関数を求めると，

$$\frac{\partial g}{\partial x} = \frac{\partial}{\partial x}(2x \cdot \log y - x^2 \cdot y) = 2 \cdot 1 \cdot \log y - 2x \cdot y \quad \Leftarrow \boxed{y \text{を定数と考える！}}$$

$\boxed{\text{定数扱い}}$

$$= 2(\log y - xy) \text{ である。}$$

（ⅱ）②の y による偏導関数を求めると，

$$\frac{\partial g}{\partial y} = \frac{\partial}{\partial y}(2x \cdot \log y - x^2 \cdot y) = 2x \cdot \frac{1}{y} - x^2 \cdot 1 \quad \Leftarrow \boxed{x \text{を定数と考える！}}$$

$\boxed{\text{定数扱い}}$

$$= \frac{2x}{y} - x^2 \text{ である。}$$

● 微分・積分の基本

(3)（ⅰ）③の x による偏導関数を求めると，

$$\frac{\partial h}{\partial x} = \frac{\partial}{\partial x}\{\underline{2y}\cdot x^{-3} + \underline{(y-1)^{-2}}\cdot \log x\} = 2y\cdot(-3)\cdot x^{-4} + (y-1)^{-2}\cdot\frac{1}{x}$$

定数扱い

y を定数
と考える!

$$= -\frac{6y}{x^4} + \frac{1}{x(y-1)^2} \quad \text{である。}$$

（ⅱ）③の y による偏導関数を求めると，

x を定数と考える!

$$\frac{\partial h}{\partial y} = \frac{\partial}{\partial y}\{\underline{2x^{-3}}\cdot y + \underline{\log x}\cdot(y-1)^{-2}\} = 2x^{-3}\cdot 1 + \log x\cdot(-2)(y-1)^{-3}\cdot 1$$

定数扱い

合成関数の微分

$$= \frac{2}{x^3} - \frac{2\log x}{(y-1)^3} \quad \text{である。}$$

これで，偏導関数の計算にも慣れたと思う。特に難しくないからね。

● **2 変数関数の全微分を求めよう！**

2 変数関数 $z = f(x, y)$ について，この全微分 dz は，次のように定義される。

全微分の定義
2 変数関数 $z = f(x, y)$ が点 (x, y) で全微分可能のとき， $dz = \dfrac{\partial f}{\partial x}dx + \dfrac{\partial f}{\partial y}dy$ ……(*) が成り立ち， この dz を，点 (x, y) における全微分という。

　一般に，点 (x, y) の定義域全体に渡って，$z = f(x, y)$ で表される曲面に，尖った部分や不連続な部分が存在しないとき，すなわち，$z = f(x, y)$ が滑らかな曲面であるとき，全微分可能であると言える。そして，熱力学で扱われる様々な 2 変数関数は全微分可能であると言えるんだね。従って，(*)の公式を用いて，2 つの偏微分 $\dfrac{\partial f}{\partial x}$ と $\dfrac{\partial f}{\partial y}$ を求めることにより，全微分 dz を求めることができる。

　この全微分 dz の図形的な意味については，ここでは解説しないけれど，興味のある方は「**微分積分キャンパス・ゼミ**」で学習されるといい。

27

それでは，例題**7**で解説した**3**つの**2**変数関数の全微分 dz を具体的に求めてみよう。

$(ex1)$ $z = f(x, y) = 2x + 3y^2 + 1$ ……① について，

$\dfrac{\partial f}{\partial x} = 2$, $\dfrac{\partial f}{\partial y} = 6y$ より，①の全微分 dz は，

$dz = \dfrac{\partial f}{\partial x}dx + \dfrac{\partial f}{\partial y}dy = 2 \cdot dx + 6y \cdot dy$ となる。

$(ex2)$ $z = g(x, y) = 2x \cdot \log y - x^2 \cdot y$ ……② について，

$\dfrac{\partial g}{\partial x} = 2(\log y - xy)$, $\dfrac{\partial g}{\partial y} = \dfrac{2x}{y} - x^2$ より，②の全微分 dz は，

$dz = \dfrac{\partial g}{\partial x}dx + \dfrac{\partial g}{\partial y}dy = 2(\log y - xy)dx + \left(\dfrac{2x}{y} - x^2\right)dy$ となる。

$(ex3)$ $z = h(x, y) = \dfrac{2y}{x^3} + \dfrac{\log x}{(y-1)^2}$ ……③ について，

$\dfrac{\partial h}{\partial x} = -\dfrac{6y}{x^4} + \dfrac{1}{x(y-1)^2}$, $\dfrac{\partial h}{\partial y} = \dfrac{2}{x^3} - \dfrac{2\log x}{(y-1)^3} = 2\left\{\dfrac{1}{x^3} - \dfrac{\log x}{(y-1)^3}\right\}$ より，

③の全微分 dz は，

$dz = \dfrac{\partial h}{\partial x}dx + \dfrac{\partial h}{\partial y}dy = \left\{-\dfrac{6y}{x^4} + \dfrac{1}{x(y-1)^2}\right\}dx + 2\left\{\dfrac{1}{x^3} - \dfrac{\log x}{(y-1)^3}\right\}dy$

となるんだね。これで，全微分の求め方にも慣れたことと思う。

それでは，全微分の応用問題にもチャレンジしよう！

例題8 **2**変数関数 $z = x\log y + \log x - 2y$ ……① $(x > 0, y > 0)$ の全微分 dz が，

$dz = \left(\log y + \dfrac{2}{y}\right)dx - \dfrac{3}{2}dy$ ……② であるとき，

①は，x の**1**変数関数 $z = (x+1)\log x - (4 - \log 2)x$ ……③ $(x > 0)$ となることを示そう。

まず，①の x と y による偏微分 $\dfrac{\partial z}{\partial x}$ と $\dfrac{\partial z}{\partial y}$ を求めると，

● 微分・積分の基本

・$\dfrac{\partial z}{\partial x} = \dfrac{\partial}{\partial x}(x \cdot \log y + \log x \underbrace{- 2y}_{\text{定数扱い}}) = 1 \cdot \log y + \dfrac{1}{x} = \log y + \dfrac{1}{x}$ ……④ であり，

・$\dfrac{\partial z}{\partial y} = \dfrac{\partial}{\partial y}(x \cdot \log y + \underbrace{\log x}_{\text{定数扱い}} - 2y) = x \cdot \dfrac{1}{y} - 2 = \dfrac{x}{y} - 2$ …………⑤ である。

ここで，2変数関数 $z = f(x, y)$ の全微分 $dz = \dfrac{\partial z}{\partial x}dx + \dfrac{\partial z}{\partial y}dy$ が

$dz = \left(\log y + \dfrac{2}{y}\right)dx - \dfrac{3}{2}dy$ ……② で与えられているので，

$$\boxed{\dfrac{\partial z}{\partial x} = \log y + \dfrac{1}{x}} \quad \boxed{\dfrac{\partial z}{\partial y} = \dfrac{x}{y} - 2}$$

これから，②の $\dfrac{\partial z}{\partial x}$，$\dfrac{\partial z}{\partial y}$ に対応する式は，④，⑤と等しいので，

(ⅰ) $\dfrac{\partial z}{\partial x} = \log y + \dfrac{2}{y} = \log y + \dfrac{1}{x}$ より，$\dfrac{2}{y} = \dfrac{1}{x}$ $\quad\therefore y = 2x$ ……⑥ となり，

(ⅱ) $\dfrac{\partial z}{\partial y} = -\dfrac{3}{2} = \dfrac{x}{y} - 2$ より，$-\dfrac{3}{2} = \dfrac{x}{y} - 2$，$\dfrac{x}{y} = \dfrac{1}{2}$ $\therefore y = 2x$ ……⑥ となる。

以上より，同じ $y = 2x$ ……⑥ $(x > 0)$ が導かれたので，これを①に代入すると，2変数関数 $z = f(x, y)$ は，x の1変数関数 $z = g(x)$ として，次のように表される。

$z = g(x) = x \cdot \log 2x + \log x - 2 \cdot 2x = x(\log 2 + \log x) + \log x - 4x$
$\qquad = (x + 1) \cdot \log x - (4 - \log 2)x$ ……③ …………………………………(終)

　以上で，2変数関数の偏微分と全微分についての解説は終了です。今回は例題の練習だけで十分なので，特に演習問題は設けていない。

　これで，数学的な準備も整ったので，次章からいよいよ "**熱力学の基本**" について，解説していこう。

29

講義 1 ●微分・積分の基本　公式エッセンス

1. 1変数関数の微分

(Ⅰ) 微分の基本公式

$\quad$ **(1)** $(x^{\alpha})' = \alpha x^{\alpha-1}$ $\qquad$ **(2)** $(\log x)' = \dfrac{1}{x}$ $\quad (x > 0)$ $\quad$ など。

$\quad$ (ただし，α：実数，$\log x$ は自然対数 (底が $e (\fallingdotseq 2.72)$ の対数))

(Ⅱ) 導関数の性質

$\quad$ **(1)** $\{k f(x)\}' = k f'(x)$ $\quad$ (k：実数定数)

$\quad$ **(2)** $\{f(x) \pm g(x)\}' = f'(x) \pm g'(x)$ (複号同順)

$\boxed{\dfrac{(分子)' \cdot 分母 - 分子 \cdot (分母)'}{(分母)^2}}$

(Ⅲ) 微分計算の重要公式

$\quad$ **(1)** $(f \cdot g)' = f'g + fg'$ $\qquad$ **(2)** $\left(\dfrac{f}{g}\right)' = \dfrac{f'g - fg'}{g^2}$ $\quad$ など。

(Ⅳ) 導関数 $f'(x)$ の符号

$\quad$ (i) $f'(x) > 0$ のとき $f(x)$ は増加し，(ⅱ) $f'(x) < 0$ のとき $f(x)$ は減少する。

2. 1変数関数の積分

(Ⅰ) 不定積分の基本公式

$\quad$ **(1)** $\displaystyle\int x^{\alpha} dx = \dfrac{1}{\alpha+1} x^{\alpha+1} + C$ $\quad$ **(2)** $\displaystyle\int \dfrac{1}{x} dx = \log|x| + C$ $\quad (x \neq 0)$ $\quad$ など。

$\quad$ (ただし，α：-1 でない実数，$\log|x|$ は自然対数)

(Ⅱ) 定積分と面積

$\quad$ 定積分の定義：$\displaystyle\int_a^b f(x) dx = \Big[F(x)\Big]_a^b = F(b) - F(a)$

$\quad$ ($f(x) \geqq 0$ のとき，この定積分は，$a \leqq x \leqq b$ の範囲で $y = f(x)$ と

$\quad$ x 軸とで挟まれた面積になる。)

(Ⅲ) 変数分離形の微分方程式の解法

$\quad$ $\dfrac{dy}{dx} = \dfrac{g(x)}{f(y)}$ より，$\displaystyle\int f(y) dy = \int g(x) dx$ として解く。

3. 2変数関数の微分

(Ⅰ) $z = f(x, y)$ の偏導関数 $\dfrac{\partial z}{\partial x}$, $\dfrac{\partial z}{\partial y}$

(Ⅱ) $z = f(x, y)$ の全微分 $dz = \dfrac{\partial z}{\partial x} dx + \dfrac{\partial z}{\partial y} dy$

30

熱力学の基本

▶ 理想気体の状態方程式
　$(pV = nRT$（または，$pv = RT$））

▶ 気体の分子運動論
　$\left(p = n \cdot N_A \cdot \dfrac{m<v^2>}{3V}, \quad \dfrac{1}{2}m<v^2> = \dfrac{3}{2}kT\right)$

▶ ファン・デル・ワールスの状態方程式
　$\left(\left(p + \dfrac{a}{v^2}\right)(v - b) = RT\right)$

§1. 理想気体の状態方程式

さァ, これから, "**熱力学**" の基本, すなわち高校レベルの熱力学について, 復習も兼ねて, ここで解説しよう。

これから学ぶ熱力学の主な対象となるものは, 気体なんだね。この気体の中でも, 特に, "**ボイルの法則**" と "**シャルルの法則**" が成り立つ "**理想気体**" について解説しよう。この理想気体とは, その圧力 p と体積 V と温度 T が, "**状態方程式**": $pV = nRT$ (n: モル数, R: 気体定数) で表すことができる気体のことなんだね。

ここではまず, ボイルの法則とシャルルの法則から, この理想気体の状態方程式を導いてみることにしよう。

● 熱力学のプロローグから始めよう!

まず, "**熱力学**" とは何か? と問われると, これは「主に気体についてだけれど, 非常にたく山の分子 (または原子) からなる集団を 1 つの系と見て, これをマクロにとらえて, その圧力 p (Pa) や体積 V (m³) や絶対温度 T (K) など…の状態量の関係を調べる学問」と答えることができるんだね。

そして, この熱力学は主に, カルノー, クラウジウス, トムソン, ボルツマン, そしてマクスウェル等によって, 体系化された。

今ここで, キミが温度 0 (℃) の風のない真冬に, バス停でバスを待っているとしよう。そして, この大気の気圧を 1 (気圧) とする。このとき, キミの目の前の 1 辺の長さが約 28.2 (cm) の立方体の大気の中には, 約 6.02×10^{23} (個) も

> これは, $10^{12} = 1$ (兆) より, 1 兆の 6 千 2 十億倍の個数ということ。

の膨大な数の窒素分子や酸素分子が数百 (m/s) という高速度で互いに衝突しながら, 激しい分子運動をしているんだね。

---

1 (気圧) $= 1.013 \times 10^5$ (Pa), 0 (℃) $= 273.15$ (K),

> 単位:"パスカル"　　単位:"ケー"または"ケルビン"

28.19^3 (cm³) $\div 22.41$ (l) $= 0.02241$ (m³), アボガドロ数 $N_A = 6.02 \times 10^{23}$ (個)

> 単位:"リットル"　　単位:"立法メートル"

となる。これらについては, 後で詳しく解説しよう。

32

● 熱力学の基本

信じられないかも知れないけれど，これは事実なんだ。でも，これら気体分子(または原子)の1つ1つの運動を記述することは数が膨大過ぎて不可能なので，この対象となる気体の系の巨視的な(マクロな)状態を表す変数として，気圧 p(Pa)，体積 V(m³)，絶対温度 T(K) を調べることにするんだね。たとえば，ピストンに閉じ込められた気体を1つの系と見るとき，その気圧 p や体積 V や温度 T は容易に測定することができるわけだからね。このように，p や V や T は系のマクロな状態を表すので，"**状態量**" または "**状態変数**" と呼ぶんだね。

● 温度 T，体積 V，圧力 p の単位を押さえよう！

それでは，ある気体(熱力学的な系)の温度 T，体積 V，圧力 p の単位を統一的に **MKSA** 系で表示することにしよう。大学の物理を学ぶ上で，この単位

> M は m(メートル)，K は絶対温度(ケルビン)，S は時間(秒)，A は電流(アンペア)を表す。すべての物理量は単位を，この m, K, s, A で統一的に表すことができるんだね。

を正確にマスターしておこう。

(I) 温度 T の単位について，

日頃使っている単位 (℃) を用いて，t (℃) の温度は，これに **273.15** を足して絶対温度 $T = t + 273.15$ (K) ……($*a$) となる。例題で練習しておこう。

(**ex1**) $t = 100$(℃)は，絶対温度 $T = 100 + 273.15 = 373.15$ (K) である。

(**ex2**) 絶対温度 $T = 300$(K)のとき，$t = 300 - 273.15 = 26.85$ (℃)である。

ちなみに，$T = 0$(K) のことを "**絶対零度**" と呼ぶことも覚えておこう。

(II) 体積 V の単位について，

日頃使っている体積の単位としては 1(cc) や 1(l) が多いと思うけれど，

> cm³ のこと   1リットル = 1000(cc)

MKSA 系単位では，これらすべてを (m³) の単位に換算する。

1(cm) $= 10^{-2}$(m) のことだから，

1(cm³) $= 1^3$(cm³) $= (10^{-2})^3$(m³) $= 10^{-6}$(m³) となり，また，

$1(l) = 10^3$(cc) $= 10^3 \times 10^{-6}$(m³) $= 10^{-3}$(m³) となるんだね。これらの換算の仕方も次の例題で少し練習しておこう。

(**ex3**) 15(cc)は，15(cc) $= 15$(cm³) $= 15 \times 10^{-6}$(m³) $= 1.5 \times 10^{-5}$(m³) と表すことができる。

(**ex4**) $22.41(l)$は，$22.41(l) = 22.41 \times 10^{-3}$(m³) $= 2.241 \times 10^{-2}$(m³) になるんだね。納得いった？

33

(Ⅲ) 気圧 p の単位について，

単位面積 $S = 1(\text{m}^2)$ にかかる力 $f = 1(\text{N})$ であるとき，このときの圧力 p は，

> "ニュートン"と読む。$1(\text{N}) = 1(\text{kgm/s}^2)$ のことで，この力 $f = 1(\text{N})$ は，質量 $1(\text{kg})$ の物体に働いて，$1(\text{m/s}^2)$ の加速度を生じさせる力のことだ。

$$p = \frac{f}{S} = \frac{1(\text{N})}{1(\text{m}^2)} = 1(\text{N/m}^2) = 1(\text{Pa})$$ となるんだね。

> "パスカル"と読む。

それでは，標準大気圧である $1(気圧)$ を，単位 Pa で表してみよう。

> これを，$1(\text{atm})$ と表すこともある。

図1に示すように，$1(気圧)$（または，(atm)）は水銀柱 760mmHg で表される。水銀の密

> 水銀のこと

度 ρ は，$\rho = 13.6(\text{g/cm}^3)$，重力加速度 $g = 9.8(\text{m/s}^2)$ として，$1(気圧)$ を Pa の単位で，すなわち，$1(気圧) = p(\text{Pa})$ となる p を求めてみよう。

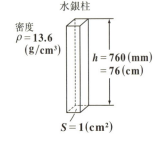

図1 $1(\text{atm}) = 1.013 \times 10^5 (\text{Pa})$

図1に示す，底面積 $S = 1(\text{cm}^2) = 10^{-4}(\text{m}^2)$

> $1^2(\text{cm}^2) = (10^{-2})^2(\text{m}^2)$

にかかる水銀柱の重力 f を求めてみよう。

$f = \rho \times V \times g$

> M（水銀柱の質量 (kg)），V は体積：$V = S \times h = 1 \times 76 = 76 (\text{cm}^3)$

$= 13.6(\text{g/cm}^3) \times 76(\text{cm}^3) \times 9.8(\text{m/s}^2)$

> $13.6 \times \dfrac{10^{-3}(\text{kg})}{10^{-6}(\text{m}^3)}$
> $= 13.6 \times 10^{-3+6}(\text{kg/m}^3)$

> $76 \times 10^{-6}(\text{m}^3)$ ← 単位をすべてMKSA系で表した。

$= 13.6 \times 10^3 \times 76 \times 10^{-6} \times 9.8 \left(\dfrac{\text{kg}}{\text{m}^3} \times \text{m}^3 \times \text{m/s}^2 \right)$

> 単位：kg/m^3　単位：m^3　単位：m/s^2　$(\text{kgm/s}^2) = (\text{N})$

$\therefore f = 13.6 \times 76 \times 9.8 \times 10^{-3} (\text{N})$ となる。

よって，これを $S = 10^{-4}(\text{m}^2)$ で割れば，圧力 $p(\text{Pa})$ が求められる。

● 熱力学の基本

$$\therefore p = \frac{f}{S} = \frac{13.6 \times 76 \times 9.8 \times 10^{-3}}{10^{-4}} = 13.6 \times 76 \times 9.8 \times 10 = 101292.8 \,(\text{Pa})$$

となる。　　　　　　　　　　　　　　　　　　　　$10^{-3-(-4)} = 10^{4-3}$

これから，$1\,(\text{atm}) \fallingdotseq 1.013 \times 10^5\,(\text{Pa})$ であることが分かったんだね。
それでは，これもいくつか換算の仕方を練習しておこう。

($ex5$) 2.1(気圧)は，$2.1 \times 1.013 \times 10^5 \fallingdotseq 2.127 \times 10^5\,(\text{Pa})$ である。

($ex6$) $95000\,(\text{Pa})$は，$\dfrac{95000}{1.013 \times 10^5} \fallingdotseq 0.938$(気圧)である。大丈夫？

● ボイルの法則とシャルルの法則をマスターしよう！

　一般に，圧力が低く密度が小さい気体を熱力学的な系とする場合，この気体について，次に示す"ボイルの法則"と"シャルルの法則"が成り立つことが分かっている。

(Ⅰ) ボイルの法則	(Ⅱ) シャルルの法則
温度 T が一定のとき， 圧力 p と体積 V は反比例する。 $pV = (\text{一定})$ ……($*b$)	圧力 p が一定のとき， 体積 V と温度 T は比例する。 $\dfrac{V}{T} = (\text{一定})$ ……($*c$)

(Ⅰ) ボイルの法則では，温度 T が一定のとき，圧力 p と体積 V は反比例するので，$pV = C_1$(正の定数)となる。

よって，$p = \dfrac{C_1}{V}$ より，これを pV 座標平面上に描くと，図 2 のようなグラフになる。この図 2 の曲線上の点 (p_1, V_1) で表される

図2 ボイルの法則 $pV = C_1$

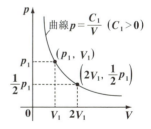

ある気体について考えよう。温度 T を一定に保ったまま，この気体の体積を V_1 から $2V_1$ に変化させたとき，このときの圧力を p' とおくと，ボイルの法則：$p \cdot V = C_1$(一定) より，$p_1 \cdot V_1 = p' \cdot 2V_1$

よって，$p' = \dfrac{p_1 \cdot \cancel{V_1}}{2\cancel{V_1}} = \dfrac{1}{2} p_1$ となる。このように，点 (V_1, p_1) で表された

状態から点 $\left(2V_1, \dfrac{1}{2}p_1\right)$ で表される状態に気体が変化したことが，図2 のグラフから分かるんだね。つまり，温度一定の条件下では体積が 2 倍 に増えると，圧力はそれと反比例して $\dfrac{1}{2}$ 倍に減少することが，ボイルの 法則から導かれるんだね。

(II) シャルルの法則では，圧力 p が一定のとき，温度 T と体積 V は比例するので，
$\dfrac{V}{T} = C_2$ (正の定数) となる。
よって，$V = C_2 T$ より，これを TV 座標平面上に描くと，図3のようなグラフ (原点を通る半直線) になる。
この図3の直線上の点 (T_1, V_1) で表され

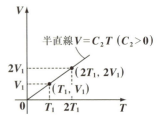

図3 シャルルの法則 $\dfrac{V}{T} = C_2$

る，ある気体について考えよう。圧力 p を一定に保ったまま，この気体 の温度を T_1 から $2T_1$ に変化させたとき，このときの体積を V' とおくと， シャルルの法則：$\dfrac{V}{T} = C_2$ (一定) より，$\dfrac{V_1}{T_1} = \dfrac{V'}{2T_1}$

よって，$V' = \dfrac{V_1}{T_1} \times 2T_1 = 2V_1$ となる。このように，点 (T_1, V_1) で表された 状態から点 $(2T_1, 2V_1)$ で表される状態に気体が変化したことが，図3の グラフから分かるんだね。つまり，圧力一定の条件下で，温度が 2 倍に 増えると，体積もそれに比例して 2 倍に増加することが，シャルルの法 則から導けるんだね。

● **理想気体の状態方程式を求めよう！**

では，ここで，ボイルの法則とシャルルの法則を併せた "**ボイル-シャルルの法則**" を導いてみよう。

(I) ボイルの法則：$pV = C_1$ (一定) (T：一定) より，
$V = \dfrac{C_1}{p}$ となって，V は p と反比例する。

●熱力学の基本

(Ⅱ) シャルルの法則：$\dfrac{V}{T} = C_2$ (一定) (p：一定) より，

$V = C_2 T$ となって，V は T と比例する。

以上 (Ⅰ)，(Ⅱ) より，体積 V は，p と反比例し，T と比例するので，新たに正の定数 C を用いて，

$V = C \cdot \dfrac{T}{p}$ ……① (C：正の定数) が導ける。これから，

次のボイル‐シャルルの法則：

$\dfrac{pV}{T} = C$ (一定) ……($*d$) が導けるんだね。

> この公式は，
> $\dfrac{p_1 V_1}{T_1} = \dfrac{p_2 V_2}{T_2}$ ……($*d$)′ と
> 覚えておいてもいい。

それでは，次の例題で，このボイル‐シャルルの法則を実際に使ってみよう。

例題9 ボイル‐シャルルの法則をみたす気体について，次の問いに答えよ。

(1) 圧力 p_1 (Pa)，体積 V_1 (m^3)，温度 T_1 (K) の気体がある。この圧力を $\dfrac{3}{2} p_1$ (Pa)，体積を $\dfrac{V_1}{2}$ (m^3) に変化させたとき，このときの温度 T_2 を T_1 で表してみよう。

(2) 圧力 $p_1 = 1.2 \times 10^5$ (Pa)，体積 $V_1 = 0.4$ (m^3)，温度 $T_1 = 300$ (K) の気体がある。この圧力を $p_2 = 1.6 \times 10^5$ (Pa)，温度 $T_2 = 360$ (K) に変化させたとき，このときの体積 V_2 (m^3) を求めよう。

ボイル‐シャルルの法則に従う気体の場合，(p_1, V_1, T_1) の状態から (p_2, V_2, T_2) の状態に変化させても，常に，$\dfrac{p_1 V_1}{T_1} = \dfrac{p_2 V_2}{T_2}$ ……($*d$)′ が成り立つということなんだね。

(1) (p_1, V_1, T_1) の状態の気体を (p_2, V_2, T_2) $= \left(\dfrac{3}{2} p_1, \dfrac{1}{2} V_1, \alpha T_1 \right)$ (α：未知数) の状態に変化させたとき，ボイル‐シャルルの法則より，

$$\dfrac{p_1 V_1}{T_1} = \dfrac{p_2 V_2}{T_2} = \dfrac{\dfrac{3}{2} p_1 \times \dfrac{1}{2} V_1}{\alpha \cdot T_1} = \underbrace{\dfrac{3}{2} \times \dfrac{1}{2} \times \dfrac{1}{\alpha}}_{\boxed{1 となる}} \cdot \dfrac{p_1 V_1}{T_1} \quad となるので，$$

$\dfrac{3}{2} \times \dfrac{1}{2} \times \dfrac{1}{\alpha} = 1$　　$\therefore \alpha = \dfrac{3}{4}$ となるので，$T_2 = \dfrac{3}{4} T_1$ である。

37

(2) $(p_1, V_1, T_1) = (1.2 \times 10^5 (\text{Pa}), \ 0.4 \, (\text{m}^3), \ 300 \, (\text{K}))$ の状態の気体を

$(p_2, V_2, T_2) = (1.6 \times 10^5 (\text{Pa}), \ V_2 (\text{m}^3), \ 360 \, (\text{K}))$ の状態に変化させた

とき，ボイル-シャルルの法則より，

$$\frac{1.2 \times 10^5 \times 0.4}{300} = \frac{1.6 \times 10^5 \times V_2}{360}$$

$\boxed{\dfrac{p_1 V_1}{T_1} = \dfrac{p_2 V_2}{T_2} \ \text{より}}$

∴ 求める体積 V_2 は，

$$V_2 = \frac{1.2 \times 0.4}{300} \times \frac{360}{1.6} = 0.36 \, (\text{m}^3) \ \text{である。}$$

$$\boxed{\frac{1.2}{1.6} \times \frac{360}{300} \times 0.4 = \frac{3}{4} \times \frac{6}{5} \times 0.4 = \frac{9 \times 0.4}{10} = 0.9 \times 0.4 = 0.36}$$

これで，ボイル-シャルルの法則の利用の仕方にも慣れたと思う。

ここでさらに，このボイル-シャルルの法則：

$$\frac{pV}{T} = C \ (\text{一定}) \ \cdots (*d) \ \text{の右辺の定数} \ C \ \text{を決定しよう。}$$

$1(\text{mol})$ の気体は，$0(^\circ\text{C})$，$1(\text{気圧})$ の条件の下で，気体の種類によらず，

$\boxed{\text{"モル"と読む。}}$　$\boxed{273.15(\text{K})}$　$\boxed{1.013 \times 10^5 (\text{Pa})}$

$\boxed{\begin{array}{l}\text{P32 の 1 辺の長さ 28.19 (cm)} \\ \text{の立方体の体積は，} \\ 28.19^3 (\text{cm}^3) \fallingdotseq 22400 \, (\text{cm}^3) \\ \qquad\qquad = 22.4 \, (l) \ \text{の} \\ \text{ことだったんだね。}\end{array}}$

約 $22.41(l)$ となるので，

$\boxed{22.41 \times 10^{-3} (\text{m}^3) = 2.241 \times 10^{-2} (\text{m}^3)}$

$T = 273.15(\text{K})$，$p = 1.013 \times 10^5 (\text{Pa})$，$V = 2.241 \times 10^{-2} (\text{m}^3)$ を $(*d)$ に代入すると，C の値は，

$$C = \frac{pV}{T} = \frac{1.013 \times 10^5 \times 2.241 \times 10^{-2}}{273.15} \fallingdotseq 8.31 \, (\text{J/mol K}) \ \text{となる。}$$

$\boxed{\begin{array}{l} pV \ \text{の単位は，} [\text{Pa} \cdot \text{m}^3] = [\text{N/m}^2 \cdot \text{m}^3] = [\text{Nm}] = [\text{J}] \ \text{となる。} \\ \text{これはエネルギーや仕事や熱量の単位なんだね。} \ \boxed{\text{"ジュール"と読む。}} \end{array}}$

よって，この定数 C を "**気体定数**" R とおくと，

$R \fallingdotseq 8.31 \, (\text{J/mol K})$ となるんだね。これを，$(*d)$ のボイル・シャルルの法則の公式に代入すると，

$$\frac{pV}{T} = R \ \cdots \text{①} \ \text{となる。ここで，対象としている気体が} \ n(\text{mol}) \text{である場合は，}$$

● 熱力学の基本

当然，$\dfrac{pV}{T} = nR$ ……① となる。この ① より次の方程式：

$pV = nRT$ ……$(*e)$ が導かれる。

そして，この $(*e)$ を，"理想気体" の "状態方程式" という。実在の気体についてこの $(*e)$ は厳密には当てはまらないんだけれど，逆に言うと，この $(*e)$ に当てはまる気体を理想気体と呼ぶと覚えておいてもいいよ。

ここで，1(mol) についても復習しておこう。1(mol) の気体とは，その気体分子の個数が "アボガドロ数" $N_A = 6.02 \times 10^{23}$ 個であることを示す。したがって，2(mol) の気体分子の個数は $2N_A$ 個，3(mol) の気体分子の個数は $3N_A$ 個，…，そして，一般に n(mol) の気体分子の個数は nN_A 個になるんだね。

$(*e)$ の状態方程式の両辺を n で割って，$\dfrac{V}{n} = v$（1(mol) 当りの体積）とおくと，

$pv = RT$ ……$(*e)'$ $\left(\text{ただし，} v = \dfrac{V}{n}\right)$ と表せる。これは，1(mol) 当りの気体の状態方程式と言えるんだね。

そして，この 1(mol) の気体にはアボガドロ数 N_A 個の分子（または原子）が含まれるわけだけど，その質量は表1に示すような各気体の "原子量" を基に計算できる。

(Ⅰ) ヘリウム (He) やネオン (Ne) やアルゴン
(Ar) は 1 原子分子なので，表1よりヘリウムの分子量は 4.0 となる。よって，ヘリウムは 4.0(g)（$= 4 \times 10^{-3}$(kg)）で 1(mol) となる。同様に，ネオンは 20.2(g)，アルゴンは 39.9(g) で 1(mol) になるんだね。

表1 主な原子の原子量

水素	H	1.0
ヘリウム	He	4.0
炭素	C	12.0
窒素	N	14.0
酸素	O	16.0
ネオン	Ne	20.2
アルゴン	Ar	39.9

(Ⅱ) 次に，2 原子分子の水素 (H_2)，窒素 (N_2)，酸素 (O_2) については，表1より，これらの気体の 1(mol) の質量は順に，2.0(g)，28.0(g)，32.0(g) となる。
$\boxed{2 \times 1.0}$　$\boxed{2 \times 14.0}$　$\boxed{2 \times 16.0}$

(Ⅲ) さらに，水 (H_2O)，二酸化炭素 (CO_2)，メタン (CH_4) などの多原子分子についても，表1より，これらの気体の 1(mol) の質量は，18.0(g)，44.0(g)，16.0(g) となるんだね。
$\boxed{2 \times 1.0 + 16.0}$　$\boxed{12.0 + 2 \times 16.0}$
$\boxed{12.0 + 4 \times 1.0}$

39

● 理想気体の状態方程式を考察しよう！

理想気体 1(mol) 当りの状態方程式：$pv=RT$ ……$(*e)'$ の両辺を v で割って，$p=f(v, T)=R\dfrac{T}{v}$ ……① ($p>0$, $v>0$, $T>0$, R：気体定数) となるね。圧力 p は，体積 v と温度 T の 2 変数関数になっている。よって，この①は，vTR 座標空間上に，図 4 に示すような曲面として表すことができるんだね。この曲面上に，温度 $T=T_0$, T_1, T_2 (T_0, T_1, T_2 は，$0<T_0<T_1<T_2$ をみたす定数) の等温線図も示した。この曲面のグラフを，図 4 に示す 3 つの視点 (i), (ii), (iii) から見てみよう。

図 4　$p=f(v, T)$ の表す曲面

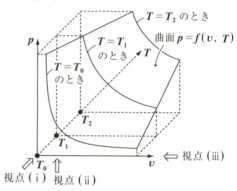

(i) $T=T_0$, T_1, T_2 のときの 3 つの曲線を，視点 (i) から見て，pv 図で表したものを図 5 (i) に示す。これは，ボイルの法則を

> T が一定のとき，p と v は反比例する。

表しているんだね。

図 5 (i)　ボイルの法則 (pv 図)

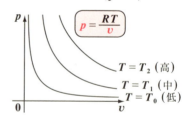

(ii) 次に，$p=p_0$, p_1, p_2 (p_0, p_1, p_2 は，$0<p_0<p_1<p_2$ をみたす定数) のとき，これらは曲面上の直線となり，これらを視点 (ii) から見て，Tv 図で表したものを図 5 (ii) に示す。これはシャルルの法則を

> p が一定のとき，T と v は比例する。

(ii)　シャルルの法則 (vT 図)

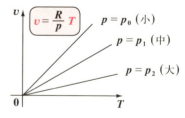

$\left(\text{傾きが，}\dfrac{R}{p_2}<\dfrac{R}{p_1}<\dfrac{R}{p_0}\text{となるからね。}\right)$

表しているんだね。

(iii) さらに, $v = v_0, v_1, v_2$ ($v_0,$ v_1, v_2 は, $0 < v_0 < v_1 < v_2$ をみたす定数)のとき, これらも曲面上の直線となる。これらを視点(iii)から見て, Tp 図で表したものを図5(iii)に示す。これから, v が一定のとき T と p が比例することも分かる。

図5(iii) pT 図

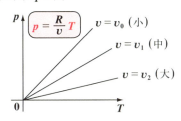

（傾きが, $\dfrac{R}{v_2} < \dfrac{R}{v_1} < \dfrac{R}{v_0}$ となるからね。）

以上(i)(ii)(iii)の結果はすべて $(*e)'$ (または, ①)から導けるんだね。面白かった？

次に, $p = f(v, T) = R\dfrac{T}{v}$ ……① は2変数関数より, 左辺 p の全微分 dp は,

$$dp = \left(\dfrac{\partial p}{\partial v}\right)_T dv + \left(\dfrac{\partial p}{\partial T}\right)_v dT \quad \boxed{p = f(v, T) = \dfrac{RT}{v}} \leftarrow \boxed{\text{P27参照}}$$

$\boxed{RT \cdot \dfrac{\partial(v^{-1})}{\partial v} = -RTv^{-2}}$ $\boxed{\dfrac{R}{v}\dfrac{\partial T}{\partial T} = \dfrac{R}{v}}$
定数扱い　　　　　　　定数扱い

$$= -\dfrac{RT}{v^2}dv + \dfrac{R}{v}dT \quad \text{となるんだね。}$$

> **注意**
>
> 全微分の定義から, 本来数学的には $dp = \dfrac{\partial p}{\partial v}dv + \dfrac{\partial p}{\partial T}dT$ でいいんだけれど, "熱力学"では慣例上, $\dfrac{\partial p}{\partial v}$ は T を一定として, v で微分するという意味を込めて, $\left(\dfrac{\partial p}{\partial v}\right)_T$ と表す。同様に, $\dfrac{\partial p}{\partial T}$ についても, v を一定として T で微分するという意味で $\left(\dfrac{\partial p}{\partial T}\right)_v$ と表す。これは, 熱力学独特の表記法なので覚えておこう。

演習問題 2 ●理想気体の状態方程式●

ある容器内の理想気体がある。
この気体の圧力 $p\,(\text{Pa})$ と体積 $V\,(\text{m}^3)$ を
右図に示すように，A→B→C→A と変
化させた。A→B の変化は等温変化で
あり，状態 C での温度 T_C は $360\,(\text{K})$ で
ある。このとき，次の各問いに答えよ。

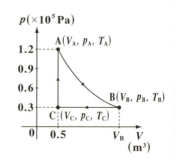

(1) この気体の物質量 $n\,(\text{mol})$ を求めよ。
(2) 状態 A の温度 $T_A\,(\text{K})$ を求めよ。
(3) 状態 B の体積 $V_B\,(\text{m}^3)$ を求めよ。
(ただし，答えはすべて小数第1位を四捨五入して示せ。)

ヒント! 1モル当たりの状態方程式ではなく，一般の理想気体の状態方程式：
$pV = nRT$ ……(*e) を用いて解いていこう。(*e) では，未知数は p と V と n と T
の4つであると考えよう。(1)状態 C では，体積 V_C，圧力 p_C，温度 $T_C = 360\,(\text{K})$
が分かっているので，(*e) からモル数 n が求められる。(2)状態 A では，体積
V_A，圧力 p_A，モル数 n が分かっているので，(*e) から温度 T_A を求めよう。(3)
では，温度 $T_B(=T_A)$，圧力 p_B，モル数 n が分かっているので，(*e) から体積
V_B が求まるんだね。

解答&解説

3つの状態 A，B，C における (体積, 圧力, 温度) を順に，$A(V_A, p_A, T_A)$，
$B(V_B, p_B, T_B)$，$C(V_C, p_C, T_C)$ とおき，理想気体の状態方程式：
$pV = nRT$ ……(*e) ($R = 8.31\,(\text{J/mol K})$：気体定数) を用いて解く。

(1) $T_C = 360\,(\text{K})$ と，与えられた図より，状態 C における (V_C, p_C, T_C) は，
$(V_C, p_C, T_C) = (0.5\,(\text{m}^3),\ 0.3 \times 10^5\,(\text{Pa}),\ 360\,(\text{K}))$ であるので，
これらを状態方程式 (*e) に代入して，

$\underbrace{0.3 \times 10^5}_{p_C(\text{Pa})} \times \underbrace{0.5}_{V_C(\text{m}^3)} = n \times \underbrace{8.31}_{R} \times \underbrace{360}_{T_C(\text{K})}$ より，　気体定数 $R = 8.31\,(\text{J/mol K})$

$n = \dfrac{0.15 \times 10^5}{8.31 \times 360} = 5.014\cdots \fallingdotseq 5\,(\text{mol})$ ……① である。………………(答)

(2) 状態 A のとき，グラフより，

$(V_A, p_A) = (0.5 \,(\text{m}^3), 1.2 \times 10^5 \,(\text{Pa}))$ であり，また①より，$n = 5 \,(\text{mol})$ である。よって，$(*e)$ を用いて，温度 T_A を求めると，

$\underbrace{1.2 \times 10^5}_{p_A(\text{Pa})} \times \underbrace{0.5}_{V_A(\text{m}^3)} = \underbrace{5}_{n(\text{mol})\,(①より)} \times 8.31 \times T_A$ より，

$T_A = \dfrac{0.6 \times 10^5}{5 \times 8.31} = 1444.04\cdots \fallingdotseq 1444 \,(\text{K})$ ……② である。……………（答）

(3) A→B は等温変化より，$T_B = T_A = 1444 \,(\text{K})$ （②より）

よって，状態 B では，

$(p_B, T_B) = (0.3 \times 10^5 \,(\text{Pa}), 1444 \,(\text{K}))$ であり，また①より，$n = 5 \,(\text{mol})$ である。よって，$(*e)$ を用いて，体積 V_B を求めると，

$\underbrace{0.3 \times 10^5}_{p_B(\text{Pa})} \times V_B = \underbrace{5}_{n(\text{mol})} \times 8.31 \times \underbrace{1444}_{T_B(\text{K})}$ より，

$V_B = \dfrac{5 \times 8.31 \times 1444}{0.3 \times 10^5} = 1.999\cdots \fallingdotseq 2 \,(\text{m}^3)$ ……③ である。……………（答）

> **(3)の別解**
>
> A→B は等温変化より，$T_A = T_B$　よって，ボイルの法則：$p_A V_A = p_B V_B$ より，
>
> $\underbrace{1.2 \times 10^5}_{p_A} \times \underbrace{0.5}_{V_A} = \underbrace{0.3 \times 10^5}_{p_B} \times V_B$　　$V_B = \dfrac{1.2 \times 0.5}{0.3} = 2 \,(\text{m}^3)$ ……③ と求めてもいい。

> **参考**
>
> A→B→C→A は，1 つの循環過程であり，
> （ i ）A→B は，等温過程
> （ii）B→C は，定圧過程
> （iii）C→A は，定積過程
> と呼ぶ。これらについては，
> 次章の講義で詳しく解説しよう。

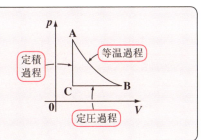

§2. 気体の分子運動論

これも高校で既に学習されていると思うけれど，単原子分子の理想気体の 分子運動を基に，この分子の運動エネルギー $\left(\frac{1}{2}mv^2\right)$ と気体の絶対温度 (T) との関係を導いてみよう。

（下線部注：He, Ne, Ar などのこと。）

このことから，ボク達が気体の温度が高い（熱い）と感じるのは，気体分子がランダムに激しく運動していることであり，逆に，気体の温度が低い（冷たい）と感じるのは，気体分子がそれ程激しく運動していないということなんだね。このように気体分子のミクロな運動と，気体全体のマクロな状態量である温度 T とが直接的に関係していることが分かって面白いと思う。

● 単原子分子の理想気体の分子運動論を復習しよう！

図1に示すように，xyz 座標を設定し，1辺の長さ l の立方体の容器内において，質量 m の1個の単原子気体分子が x 軸に垂直な1つの壁面 A に及ぼす力積を

（注：(力)×(時間)）

調べてみることにしよう。この気体分子の速度ベクトル $\boldsymbol{v}$ を，
$\boldsymbol{v} = [v_x, v_y, v_z]$ とおく。

（注：x 軸方向の成分）

図1 単原子分子の理想気体の分子運動

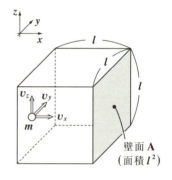

そして，この分子は，ほかの分子と衝突することなく，立方体容器の6つの壁面と完全弾性衝突を繰り返しながら運動を続けるものとしよう。

まず，1個の分子（原子）の x 軸方向の運動に着目しよう。この分子が面積 l^2 の壁面 A に衝突することで，速度の x 成分 v_x は完全弾性衝突により，$-v_x$ に変化する。つまり，図2(i)に示すように，この1回の衝突により，運動量の変化分は，$mv_x - (-mv_x) = 2mv_x$ になるんだね。

そして，この運動量の変化分 $2mv_x$ は壁面 A が受ける力積 $f \cdot t$ に等しいので，

(力)×(時間)

$f \cdot t = 2mv_x$ ……① になる。

①の時間 t は，原子が衝突する一瞬の時間を表しているわけだけど，これを $t = 1$(秒間) としてみよう。すると，気体分子の速度は数百から千数百 (m/s) と非常に速いので，この1秒間に v_x(m) 進む間に，図2(ⅱ)に示すように，気体分子は壁面 A に $\dfrac{v_x}{2l}$ 回衝突することになるんだね。

$l = 1$(m) とすると，1秒間に分子は壁面 A に数百回以上衝突することになるんだね。

図2 壁面 A が受ける力積

(ⅰ) $ft = 2mv_x$

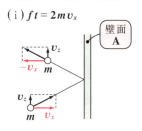

(ⅱ) $t = 1$ 秒間に $\dfrac{v_x}{2l}$ 回衝突する

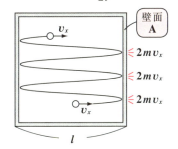

これを①の右辺にかけ，①の左辺の t に $t = 1$(秒) を代入すると，1個の気体分子が壁面 A に及ぼす力 f そのものが，

$f = 2mv_x \times \dfrac{v_x}{2l} = \dfrac{mv_x^2}{l}$ ……② となって求められる。

この力 f は，あくまでも1個の分子の，しかも x 軸方向の運動によるものであるので，さらに，検討を続ける必要があるんだね。

ここで，この容器内には n(mol) の気体が入っているものとする。すると，この容器内の気体分子の個数 N は，アボガドロ数 $N_A (\fallingdotseq 6.02 \times 10^{23}$(1/mol)) を用いて，

$N = nN_A$ となるんだね。

また，速度 v の x 成分の2乗 v_x^2 についても，この N 個の分子の平均値 $<v_x^2>$

物理では，例えば，ある変数 A の平均を $<A>$ で表すことが多い。よって，v_x^2 の平均も $<v_x^2>$ で表すことにし，また，力 f の平均値も $<f>$ と表すことにする。

を求めることにしよう。N 個の分子に $1, 2, \cdots, k, \cdots, N$ の番号を付け，k 番目の分子の速度の x 成分を v_{xk} ($k = 1, 2, \cdots, N$) と表すことにすると，$<v_x^2>$ は

$$<v_x{}^2> = \frac{1}{N}\left(v_{x1}{}^2 + v_{x2}{}^2 + v_{x3}{}^2 + \cdots + v_{xN}{}^2\right)$$

$$\boxed{f = \frac{m}{l}v_x{}^2 \cdots\cdots ②}$$

$$= \frac{1}{N}\sum_{k=1}^{N} v_{xk}{}^2 \cdots\cdots ③ \quad となる。$$

よって，**1** 個の分子が壁面 **A** に及ばす力 f の平均値 $<f>$ は，②より，

$$<f> = \frac{m}{l}<v_x{}^2> \cdots\cdots ③ \quad となる。$$

したがって，この③に全分子の個数 $N(=nN_A)$ をかけたものが，N 個のすべての分子が壁面 **A** に及ばす力 F となる。よって，

$$F = N\cdot\frac{m}{l}<v_x{}^2> = nN_A\frac{m}{l}<v_x{}^2> \cdots\cdots ④ \quad となる。$$

ここでさらに，N 個の分子の各速度を $\boldsymbol{v}_k = [v_{xk},\ v_{yk},\ v_{zk}]\ (k = 1,\ 2,\ \cdots,\ N)$ とおくと，この大きさ，すなわち速さの **2** 乗 $v_k{}^2$ は，

$$v_k{}^2 = \|\boldsymbol{v}_k\|^2 = v_{xk}{}^2 + v_{yk}{}^2 + v_{zk}{}^2 \cdots\cdots ⑤ \quad となる。\ (k = 1,\ 2,\ \cdots,\ N)$$

よって，N 個の分子全体の速さの **2** 乗平均を $<v^2>$ とおくと，

$$<v^2> = \frac{1}{N}\sum_{k=1}^{N} v_k{}^2 = \frac{1}{N}\sum_{k=1}^{N}\left(v_{xk}{}^2 + v_{yk}{}^2 + v_{zk}{}^2\right) \quad (⑤より)$$

$$= \frac{1}{N}\left(\sum_{k=1}^{N} v_{xk}{}^2 + \sum_{k=1}^{N} v_{yk}{}^2 + \sum_{k=1}^{N} v_{zk}{}^2\right)$$

$$= \underbrace{\frac{1}{N}\sum_{k=1}^{N} v_{xk}{}^2}_{<v_x{}^2>} + \underbrace{\frac{1}{N}\sum_{k=1}^{N} v_{yk}{}^2}_{<v_y{}^2>} + \underbrace{\frac{1}{N}\sum_{k=1}^{N} v_{zk}{}^2}_{<v_z{}^2>}$$

> x, y, z 軸方向それぞれの速度成分の **2** 乗平均のことだね。

$$\therefore <v^2> = <v_x{}^2> + <v_y{}^2> + <v_z{}^2> \cdots\cdots ⑥ \quad となるんだね。$$

ここで，分子にはある方向性はなく不規則に (ランダムに) 飛び回っていると考えてよいので，当然 $<v_x{}^2> = <v_y{}^2> = <v_z{}^2> \cdots\cdots ⑦$ が成り立つはずだね。よって，⑦を⑥に代入して，

$$<v^2> = 3<v_x{}^2> \qquad \therefore <v_x{}^2> = \frac{1}{3}<v^2> \cdots\cdots ⑧ \quad となる。$$

この⑧を④に代入すると，

●熱力学の基本

$$F = nN_A \frac{m}{l} \cdot \frac{1}{3} <v^2> = nN_A \cdot \frac{1}{3} \frac{m<v^2>}{l} \quad \cdots\cdots ⑨ \ が導ける。$$

ここで，壁面 A は 1 辺の長さが l の正方形より，壁面 A がこの $n(\text{mol})$ の気体から受ける圧力 p は，この力 F を l^2 で割ったものに等しい。よって⑨より，

$$p = \frac{F}{l^2} = \frac{1}{l^2} \cdot nN_A \cdot \frac{1}{3} \frac{m<v^2>}{l} = nN_A \cdot \frac{1}{3} \frac{m<v^2>}{\boxed{l^3}} \quad \cdots\cdots ⑩$$

容器の体積 V

ここで，この容器の体積 V は $V = l^3$ より，これを⑩に代入すると，

$$p = nN_A \cdot \frac{1}{3} \frac{m<v^2>}{V} \qquad この両辺に \ V \ をかけて，$$

$$pV = n \cdot \underbrace{N_A \cdot \frac{1}{3} m<v^2>}_{\boxed{RT}} \quad \cdots\cdots ⑪ \ が導けるんだね。$$

どう？ この⑪って，理想気体の状態方程式：$pV = nRT \ \cdots\cdots (*e)$ と対応関係があるのが分かるでしょう？ ⑪と $(*e)$ の右辺を比較して，

$$N_A \cdot \frac{1}{3} m<v^2> = RT \quad \cdots\cdots ⑫ \ が導ける。$$

ここで，1 個の気体分子の平均の運動エネルギーは $\frac{1}{2} m<v^2>$ で表されるので，⑫を少し変形して，

$$\frac{2}{3} N_A \cdot \frac{1}{2} m<v^2> = RT$$

$$\therefore \underbrace{\frac{1}{2} m<v^2>}_{} = \frac{3}{2} \cdot \frac{R}{N_A} \underset{}{T} \quad \cdots\cdots (*f) \ が導けた。$$

1 個の気体分子の平均の運動エネルギー 　絶対温度

$(*f)$ は，1 個の気体分子の平均の運動エネルギーというミクロな量と気体の絶対温度 T というマクロな量を結ぶ，とても興味深い関係なんだね。ここで，気体定数 $R = 8.31 \,(\text{J/mol K})$ をアボガドロ数 $N_A = 6.022 \times 10^{23} \,(1/\text{mol})$ で割った定数を新たに k とおくことにすると，

47

$$k = \frac{R}{N_A} = \frac{8.31}{6.022 \times 10^{23}} = 1.38 \times 10^{-23} \, (\text{J/K})$$

$$\boxed{\frac{1}{2}m<v^2> = \frac{3}{2} \cdot \frac{R}{N_A}T \cdots (*f)}$$

となる。この k は、"ボルツマン定数" と呼ばれる重要な定数なので、シッカリ頭に入れておこう。このボルツマン定数を用いると、$(*f)$ はよりシンプルに、

$$\frac{1}{2}m<v^2> = \frac{3}{2}kT \cdots (*f)'$$ と表すこともできるんだね。

> $\frac{1}{2}m<v^2>$ の単位は [J]、T の単位は [K] より、ボルツマン定数 k の単位は [J/K] となることも大丈夫だね。

ここで、$(*f)'$ の左辺に $<v^2> = <v_x^2> + <v_y^2> + <v_z^2>$ ……⑥ を代入すると、

$$\frac{1}{2}m(<v_x^2> + <v_y^2> + <v_z^2>) = \frac{3}{2}kT, \quad \text{すなわち、}$$

$$\underbrace{\frac{1}{2}m<v_x^2>}_{\frac{1}{2}kT} + \underbrace{\frac{1}{2}m<v_y^2>}_{\frac{1}{2}kT} + \underbrace{\frac{1}{2}m<v_z^2>}_{\frac{1}{2}kT} = 3 \cdot \frac{1}{2}kT \quad \text{となる。}$$

ここで、気体分子の運動の方向に偏りはないので、

図3 エネルギー等分配の法則

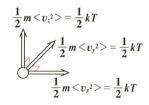

$<v_x^2> = <v_y^2> = <v_z^2>$ ……⑦ より、

$$\frac{1}{2}m<v_x^2> = \frac{1}{2}m<v_y^2> = \frac{1}{2}m<v_z^2> = \frac{1}{2}kT$$

となる。よって、図3に示すように、単原子分子の理想気体においては、1個の分子は、x 軸、y 軸、z 軸の3つの方向に運動することができるため、3つの "自由度" をもち、この3つの各自由度に対して、平均として等しいエネルギー $\frac{1}{2}kT$ が振り分けられていると考えることができる。これを "エネルギー等分配の法則" というんだね。エッ、では、2原子分子や、3原子以上から出来ている多原子分子についてはどうなのかって？これらの場合、回転などの新たな自由度が加わるんだけれど、このエネルギーの等分配の法則は、これらの気体についても成り立つ。これについては、また後に P73 で詳しく解説しよう。

● 熱力学の基本

このモデルでは，分子間の衝突は考慮に入れていないが，これを考慮に入れると，各気体分子は激しく衝突を繰り返しながら運動していることになる。しかし，膨大な数の気体分子が飛び交っているため，たとえば，

(ⅰ) ある気体分子が衝突により，速度が $v_i \rightarrow v_j$ に変化したとしても，どこか別の場所で，

(ⅱ) 別の分子が衝突により，速度が $v_j \rightarrow v_i$ に変化している，

と考えることができるんだね。したがって，分子間の衝突を考慮に入れた，より現実的なモデルを考えても，これまで解説した分子間の衝突を無視した単純なモデルと，分子全体の平均的な速度分布は同様になると考えられるんだね。面白かったでしょう？

この単原子分子の理想気体の分子運動論はテストでも頻出なので，自力で $(*f)$ の公式が導けるようになるまで，繰り返し練習しておくといいよ。

● 単原子分子の速さの2乗平均根 $\sqrt{<v^2>}$ を求めよう！

不規則な運動をする単原子分子の理想気体の平均の速さを $<v>$ ではなくて，$\sqrt{<v^2>}$ の形で求めてみよう。この $\sqrt{<v^2>}$ のことを "速さの2乗平均根" というんだね。これは，公式：$\dfrac{1}{2}m<v^2> = \dfrac{3}{2}\cdot\dfrac{R}{N_A}T$ ……$(*f)$ から求めることができる。

$(*f)$ の両辺に $\dfrac{2}{m}$ をかけて，

$$<v^2> = \frac{3RT}{\underbrace{m\cdot N_A}_{M\,(分子量)\,(g)}} \quad \cdots\cdots ① \quad (R：気体定数，N_A：アボガドロ数)$$

ここで，m は気体分子1個の質量，N_A はアボガドロ数 (1mol の気体分子の数 $6.02\times10^{23}\,(1/\text{mol})$) より，$mN_A$ は気体 1(mol) の質量，すなわち分子量 $M(\text{g})$ となる。よって，単位を $[\text{kg}]$ に変更するために，$mN_A = M\times10^{-3}\,(\text{kg})$ として，これを①に代入すると，

$$<v^2> = \frac{3RT}{M\times10^{-3}} = \frac{3\times10^3 RT}{M} \quad \cdots\cdots②$$

RT の単位は $[\text{J}]$
M の単位は $[\text{kg}]$

よって，この単位は，$\left[\dfrac{\text{J}}{\text{kg}}\right] = \left[\dfrac{\text{N}\cdot\text{m}}{\text{kg}}\right] = \left[\dfrac{\text{kg}\,\text{m}^2/\text{s}^2}{\text{kg}}\right] = [\text{m}^2/\text{s}^2]$ となるんだね。

49

したがって，分子の平均の速さ $<v>$，すなわち，

$$<v> = \frac{1}{N}\sum_{k=1}^{N} v_k$$ とは少し異なるけれど，

$$<v^2> = \frac{3\times 10^3 RT}{M} \quad\cdots\cdots ②$$

②の両辺の正の平方根をとることにより，分子量 M の単原子の気体分子の速さの2乗平均根 $\sqrt{<v^2>}$ $\left(=\sqrt{\frac{1}{N}\sum_{k=1}^{N} v_k{}^2}\right)$ を次式で計算することができるんだね。

$$\sqrt{<v^2>} = \sqrt{\frac{3\times 10^3 RT}{M}} \quad\cdots\cdots(*g)$$

$(R = 8.31\,(\mathbf{J/mol\,K})$，$T$：絶対温度$(\mathbf{K})$，$M$：単原子気体分子の分子量$(\mathbf{g}))$

それでは公式 $(*g)$ を用いて，ネオンガスの速さの2乗平均根を，次の例題で実際に計算してみよう。

例題 10 単原子気体分子のネオン $(\mathbf{Ne})$ の $(\text{i})\,300\,(\mathbf{K})$，$(\text{ii})\,400\,(\mathbf{K})$，$(\text{iii})\,500\,(\mathbf{K})$ における速さの2乗平均根 $\sqrt{<v^2>}\,(\mathbf{m/s})$ を小数第1位を四捨五入して求めて，T と $\sqrt{<v^2>}$ の関係をグラフで表してみよう。

P39 で示した主な原子の原子量の表より，ネオン $(\mathbf{Ne})$ は単原子分子なので，この分子量 M は，$M = 20.2$ となる。

単原子気体分子の速さの2乗平均根を求める公式：

$$\sqrt{<v^2>} = \sqrt{\frac{3\times 10^3 RT}{M}} \quad\cdots\cdots(*g)$$

を用いて，温度 T が，$(\text{i})\,T = 300\,(\mathbf{K})$，$(\text{ii})\,T = 400\,(\mathbf{K})$，$(\text{iii})\,T = 500\,(\mathbf{K})$ のときの $\sqrt{<v^2>}$ の値を求めると，

$(\text{i})\,T = 300\,(\mathbf{K})$ のとき，

$$\sqrt{<v^2>} = \sqrt{\frac{3\times 10^3 \times 8.31 \times 300}{20.2}} = \sqrt{\frac{7479000}{20.2}}$$

$$= 608.47\cdots \doteqdot 608\,(\mathbf{m/s})\ となる。$$

(ⅱ) $T = 400\,(\mathrm{K})$ のとき，

$$\sqrt{<v^2>} = \sqrt{\dfrac{3 \times 10^3 \times 8.31 \times 400}{20.2}} = \sqrt{\dfrac{9972000}{20.2}}$$

$$= 702.61\cdots \fallingdotseq 703\,(\mathrm{m/s})\ となる。$$

(ⅲ) $T = 500\,(\mathrm{K})$ のとき，

$$\sqrt{<v^2>} = \sqrt{\dfrac{3 \times 10^3 \times 8.31 \times 500}{20.2}} = \sqrt{\dfrac{12465000}{20.2}}$$

$$= 785.54\cdots \fallingdotseq 786\,(\mathrm{m/s})\ となる。$$

以上 (ⅰ), (ⅱ), (ⅲ) より, 3 点
$(T,\ \sqrt{<v^2>}) = (300,\ 608),$
$\hspace{3.8em}(400,\ 703),$
$\hspace{3.8em}(500,\ 786)$
となるので, T と $\sqrt{<v^2>}$ のグラフの概形は右図のようになる。

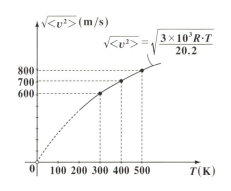

$\left[\ \text{公式}\,(\ast g)\ \text{から},\ T = 0\ \text{のとき形式的に},\ \sqrt{<v^2>} = 0\ \text{となるが, 温度}\ T\ \text{が極低温のとき, ネオンは理想気体の条件を満たさない。よって, この付近は点線で示した。}\right]$

　これで, 単原子気体分子の速さの 2 乗平均根 $\sqrt{<v^2>}$ の計算にも慣れて頂けたと思う。このように数百 $(\mathrm{m/s})$ もの速度で分子が運動していることが分かって興味深かったと思う。さらに, ヘリウム (He) のように分子量の小さな気体分子の場合, その速さの 2 乗平均根は, 常温でも千数百 $(\mathrm{m/s})$ となるんだね。これについては, 次の演習問題で実際に計算してみよう。

演習問題 3　●単原子気体分子の速さの2乗平方根●

右表に示した単原子気体分子の原子量(分子量) M を基にして，これら気体分子の，温度 $T=300\,(\text{K})$ おける速さの2乗平均根 $\sqrt{<v^2>}$ を求めよ。また，これらの結果を基に，M と $\sqrt{<v^2>}$ の関係をグラフで示せ。

単原子気体分子の原子量

ヘリウム　He	4.0
ネオン　　Ne	20.2
アルゴン　Ar	39.9
クリプトン Kr	83.8

(ただし，$\sqrt{<v^2>}$ は小数第2位を四捨五入して求めよ。)

ヒント！ 単原子気体分子の速さの2乗平均根を求める公式：$\sqrt{<v^2>} = \sqrt{\dfrac{3\times 10^3 \times R \times T}{M}}$

を用いて，$T=300\,(\text{K})$ における各気体分子の速さの2乗平均根を求めよう。そして，この結果を横軸 M，縦軸 $\sqrt{<v^2>}$ の座標系にプロットして，曲線で補完すれば，M と $\sqrt{<v^2>}$ の関係を表すグラフの概形を描くことができる。

解答＆解説

単原子気体分子の速さの2乗平均根 $\sqrt{<v^2>}$ の公式：

$$\sqrt{<v^2>} = \sqrt{\dfrac{3\times 10^3 \times R \times T}{M}} \quad \cdots\cdots (*) \quad (R=8.31\,(\text{J/mol K}))$$

を用いて，温度 $T=300\,(\text{K})$ における，ヘリウム He $(M=4.0)$，ネオン Ne $(M=20.2)$，アルゴン Ar $(M=39.9)$，クリプトン Kr $(M=83.8)$ の $\sqrt{<v^2>}$ を求めると，

(i) ヘリウム He $(M=4.0)$ の場合，

$$\sqrt{<v^2>} = \sqrt{\dfrac{3000\times 8.31 \times 300}{4.0}} = \sqrt{\dfrac{7479000}{4.0}}$$
$$= 1367.388\cdots \doteqdot 1367.4\,(\text{m/s}) \;\cdots\cdots ① \;\text{である。}\cdots\cdots\cdots\cdots(答)$$

(ii) ネオン Ne $(M=20.2)$ の場合，

$$\sqrt{<v^2>} = \sqrt{\dfrac{3000\times 8.31 \times 300}{20.2}} = \sqrt{\dfrac{7479000}{20.2}}$$
$$= 608.479\cdots \doteqdot 608.5\,(\text{m/s}) \;\cdots\cdots ② \;\text{である。}\cdots\cdots\cdots\cdots(答)$$

(iii) アルゴン Ar ($M = 39.9$) の場合,

$$\sqrt{<v^2>} = \sqrt{\frac{3000 \times 8.31 \times 300}{39.9}} = \sqrt{\frac{7479000}{39.9}}$$

$$= 432.947\cdots \fallingdotseq 432.9 \, (\mathrm{m/s}) \, \cdots\cdots ③ \,\, である。\cdots\cdots\cdots\cdots(答)$$

(iv) クリプトン Kr ($M = 83.8$) の場合,

$$\sqrt{<v^2>} = \sqrt{\frac{3000 \times 8.31 \times 300}{83.8}} = \sqrt{\frac{7479000}{83.8}}$$

$$= 298.744\cdots \fallingdotseq 298.7 \, (\mathrm{m/s}) \, \cdots\cdots ④ \,\, である。\cdots\cdots\cdots\cdots(答)$$

以上 (i) ～ (iv) の結果である①～④を基に, 原子量 M を横軸に, 速さの 2 乗平均根 $\sqrt{<v^2>}$ を縦軸にとった座標系に, これらの結果を点として表示した後, これらを補完する曲線を引いたグラフを右図に示す。………(答)

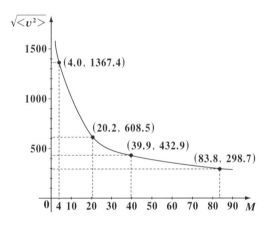

§3. ファン・デル・ワールスの状態方程式

これまで解説してきた理想気体では，どんなに圧力を大きくしても気体のままであったわけだけれど，現実の気体の場合，ある温度以下のときに圧力を大きくしていくと，やがて液化現象が起こることが分かっている。

この気体の液化現象は，当然，理想気体の状態方程式： $pv=RT$ で表現することはできない。この気体の液化現象を表すための状態方程式として，ここでは"**ファン・デル・ワールスの状態方程式**"について詳しく解説しよう。そして，これをさらに無次元化した一般式として"**還元状態方程式**"についても教えよう。数学的には，微分計算によるグラフの作成を利用することになるけれど，また分かりやすく解説しよう。

● 臨界温度以下で，気体の液化現象が生じる！

実際の気体では，ある温度以下で，圧力を大きくしていくと，液化現象が生じる。たとえば，酸素の場合，**154.6(K)** より高温では，どんなに圧力を加えても気体のままで，液化することはないが，この温度以下の状態，たとえば，温度を **100(K)** の状態で圧力を大きくしていくと，液化現象が現われるんだね。その様子を図1に pv 図で示しておこう。

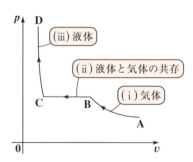

図1 酸素の液化現象

(ⅰ) **A→B** では，

酸素は圧力 p の上昇と供に気体の状態で体積 v (1モル当たりの体積) が減少する。

(ⅱ) **B→C** では，

点 **B** の状態から酸素は液化し始める。よって，この後，気体と液体が共存状態で，温度 T と圧力 p は一定のまま。体積 v のみが急激に減少し，点 **C** において完全に液体になるんだね。そして，

(ⅲ) C→D では，

　　点 C で酸素は液体となっているので，圧力を強めても，体積 v はほとんど変化せず，圧力 p のみが急激に増加することになるんだね。

ではここで，温度を $T = 50, 100, 154.6, 200, 250 (K)$ と一定にした状態で酸素を加圧したとき，それぞれの状態の変化の様子を図2に示そう。

ン？ $T = 200$ や $250 (K)$ のときは，理想気体の状態変化に近いって？その通りだね。でも，$T = 154.6 (K)$ より低い $T = 100$ や $50 (K)$ では液化現象が起こるので，もはや理想気体の状態方程式でこの現象を表すことは不可能であることが分かるはずだ。

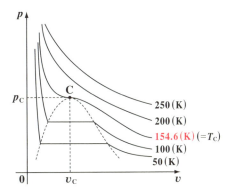

図2　酸素の等温変化

一般に，気体が液化されるかどうかの境界の温度のことを"**臨界温度**"といい，これを $T_C (K)$ で表す。酸素の場合，この T_C が $T_C = 154.6 (K)$ だったんだね。そして，実在の気体では，図2に示すように，$T = T_C (K)$ のとき"**臨界点**" C が現われる。これは，pv 図において，$T = T_C$ のとき，$p = p(v)$ とおくと，$\dfrac{dp}{dv} = 0$ かつ $\dfrac{d^2p}{dv^2} = 0$ をみたす点のことで，

　　　　　　　接線の傾きが0の点　　変曲点（下に凸から上に凸に変わる点）

この点 C における圧力を"**臨界圧力**"と呼び，これを p_C と表し，また，この点における体積のことを"**臨界体積**"と呼び，これを v_C と表すんだね。

これら，臨界温度 T_C，臨界圧力 p_C，臨界体積 v_C は，各気体それぞれ固有の

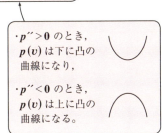

・$p'' > 0$ のとき，$p(v)$ は下に凸の曲線になり，
・$p'' < 0$ のとき，$p(v)$ は上に凸の曲線になる。

値をもつ。表1に，主な気体について，温度，圧力，体積の臨界値 T_C, p_C, v_C を示す。

表1 気体の臨界温度 T_C, 臨界圧力 p_C, 臨界体積 v_C

気体	T_C(K)	$p_C(\times 10^5 \text{Pa})$	$v_C(\times 10^{-5} \text{m}^3/\text{mol})$
He	5.19	2.27	5.72
H_2	33.2	12.97	6.50
N_2	126.2	33.4	8.95
O_2	154.6	50.4	7.34
CO_2	304.1	73.8	9.40

このような実在の気体を近似的に表す状態方程式として "**ファン・デル・ワールスの状態方程式**" がある。これについて，これから詳しく解説しよう。

● ファン・デル・ワールスの状態方程式を導いてみよう！

液化現象が存在する実在の気体の状態を表す方程式として "**ファン・デル・ワールスの状態方程式**" がある。これは理想気体の状態方程式：
$pv = RT$ ……$(*e)'$ (v : 1(mol)当りの体積) の
v と p にそれぞれ修正を加えることにより導くことができるんだね。

(ⅰ) v の修正

まず，実在の気体の分子は，質点ではなくある大きさがある。したがって，圧力 p をどんなに大きくしても，v は **0** に近づかず，ある正の値 b に

（これは，液化したときの体積と考えていい。）

近づくことになる。よって，pv 図で描かれるグラフを v 軸の正の向きに，b だけ平行移動しなければならないので，$(*e)'$ の v の代わりに $(v-b)$ を代入する必要がある。

∴ $p(v-b) = RT$ ……① となる。

(ⅱ) p の修正

次に，実在の気体の分子間には引力が働く。したがって，分子が壁面に衝突するときの速度は，この分子間力によって若干弱まるはずだね。よって，実在の気体の圧力 p' は，理想気体の圧力 p よりも気体の密度の **2** 乗 ρ^2 に比例した分だけ減少すると考えられる。

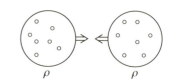

● 熱力学の基本

ここで，

$$\rho^2 \propto \left(\frac{M}{v}\right)^2 \propto \frac{1}{v^2} \qquad \begin{pmatrix} M : 分子量 \\ v : 1(\text{mol}) \text{の体積} \end{pmatrix}$$

> 万有引力の法則：$f = G\dfrac{m_1 \cdot m_2}{r^2}$ の 2 つの物体の質量 m_1, m_2 の積の代わりに，気体なので，2 つの部分の密度 ρ の積 ρ^2 とした。

となるので，実在の気体の圧力を p' とおくと，これは近似的に，

$$p' = p - \frac{a}{v^2} \quad (a : 正の比例定数) と表されるはずだね。$$

$$\therefore p = p' + \frac{a}{v^2} \quad \cdots\cdots ②$$

②を①に代入して，

$$\left(p' + \frac{a}{v^2}\right)(v - b) = RT \quad となる。$$

ここで，実在の気体の圧力 p' をまた元の p で表すことにすると，

$$\left(p + \frac{a}{v^2}\right)(v - b) = RT \quad (v > b) \cdots\cdots(*h) が導ける。$$

理想気体の状態方程式の p と v に修正を加えた $(*h)$ のことを，"**ファン・デル・ワールスの状態方程式**" と呼ぶ。また，この方程式の中の 2 つの定数 a, b のことを，"**ファン・デル・ワールス定数**" と呼ぶ。このファン・デル・ワールス定数 a, b は，気体それぞれの固有のものなんだね。主な気体の a, b の値を表 2 に示しておこう。

表2　ファン・デル・ワールス定数

気体	$a(\text{Pa}\,\text{m}^6/\text{mol}^2)$	$b(\times 10^{-5}\text{m}^3/\text{mol})$
He	0.00345	2.38
H_2	0.0248	2.67
N_2	0.141	3.92
O_2	0.138	3.19
CO_2	0.365	4.28

　それでは，このファン・デル・ワールスの状態方程式を，p を v と T の 2 変数関数，すなわち $p = p(v, T)$ の形で表すと，

$$p = \frac{RT}{v - b} - \frac{a}{v^2} \cdots\cdots(*h)' となるんだね。$$

この方程式 $(*h)'$ のグラフは，当然温度 T が，(ⅰ) $T > T_C$，(ⅱ) $T = T_C$，(ⅲ) $T < T_C$

57

の3通りに分類することができる。温度 T によって分類されるファン・デル・ワールスの状態方程式の pv 図でのグラフを図3に

> T を一定としたときの, p と v のグラフ。

示そう。

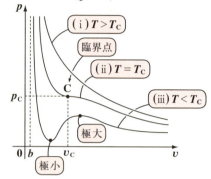

図3 ファン・デル・ワールスの状態方程式のグラフ(pv図)

このグラフから明らかに,

(ⅰ) $T > T_C$ のとき, 理想気体の pv 図と似たグラフが描ける。
(ⅱ) $T = T_C$ のとき, 臨界点 C が現われる。
(ⅲ) $T < T_C$ のとき, 極小点(谷)と極大点(山)が現われる。

エッ？ これで見ると, (ⅰ) $T > T_C$ と (ⅱ) $T = T_C$ のときのグラフは, 図2のグラフと良く一致していると思うけれど, (ⅲ) $T < T_C$ のときのグラフはまったく異なるって!? 確かに, その通りだね。(ⅲ) $T < T_C$ のとき, (*h)' のファン・デル・ワールスの状態方程式の pv 図では,

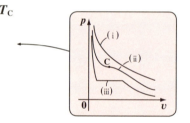

気液混合状態で, v 軸に平行に変化していた部分が, 極小値や極大値をとって波打ってる曲線になっているからね。でも, ファン・デル・ワールスの状態方程式はまったく使いものにならないかというと, そうでもないんだね。

図4に示すように, ファン・デル・ワールスの状態方程式による pv 図(曲線)に対して, v 軸と平行な線分を引き, この線分と曲線とで囲まれる2つの部分の面積 S_1 と S_2 が等しくなるようにすると, これが実在の気体と液体が共存する状態を, もちろん近似的ではあ

図4 マクスウェルの規則

るんだけれど, 表していることになるんだね。これを, **"マクスウェルの規則"**

または "等面積の規則" というんだね。面白いでしょう？

エッ！でも，何故こんなことが成り立つのか知りたいって？ウ〜ン，これを解説するには "ギブスの自由エネルギー" G まで解説しないといけないのでまだ時期尚早なんだね。でも，この講義の最後の方 (**P182**) で必ず教えるから，楽しみに待ってて下さい。

● T_C, p_C, v_C を a, b で表してみよう！

それでは，ここで，$T = T_C$ のときのファン・デル・ワールスの状態方程式：

$$p = p(v) = \frac{R \cdot T_C}{v - b} - \frac{a}{v^2} \quad \cdots\cdots ①$$

$T = T_C$ (定数) なので，p は 2 変数関数ではなく，v のみの関数 $p = p(v)$ になっているんだね。

を利用して，臨界温度 T_C，臨界圧力 p_C，臨界体積 v_C を，ファン・デル・ワールス定数 a と b で表してみよう。

$T = T_C$ のとき，ファン・デル・ワールスの状態方程式は，次のように表せる。

$$p = p(v) = \underbrace{RT_C}_{\text{定数}} \cdot (v-b)^{-1} - \underbrace{a}_{\text{定数}} v^{-2} \quad \cdots\cdots ①'$$

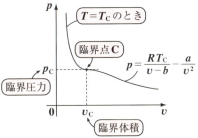

右図に示すように，臨界点 **C** において，

(ⅰ) $\dfrac{dp}{dv} = 0 \quad \cdots\cdots ②$ 　かつ　 (ⅱ) $\dfrac{d^2p}{dv^2} = 0 \quad \cdots\cdots ③$ 　となるんだね。

C において接線の傾きは **0** となる。　　下に凸から上に凸に変わる変曲点

(ⅰ) ②より，①' の p を v で 1 階微分して，

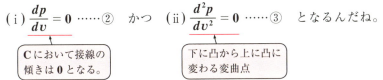

$$= \boxed{-\frac{RT_C}{(v-b)^2} + \frac{2a}{v^3} = 0} \quad \cdots\cdots ④$$

よって，$\dfrac{RT_C}{(v-b)^2} = \dfrac{2a}{v^3} \quad \cdots\cdots ⑤$ が導ける。

(ii) $\dfrac{d^2p}{dv^2} = 0$ ……③ より，

$$\dfrac{dp}{dv} \text{……④} \text{ をさらに } p \text{ で微分して，}$$

$$\dfrac{dp}{dv} = -RT_C \cdot (v-b)^{-2} + 2av^{-3} \text{……④}$$

$$\dfrac{RT_C}{(v-b)^2} = \dfrac{2a}{v^3} \text{……⑤}$$

$$\dfrac{d^2p}{dv^2} = \dfrac{d}{dv}\underbrace{\{-RT_C(v-b)^{-2} + 2av^{-3}\}}_{\boxed{\dfrac{dp}{dv}\ (\text{④より})}}$$

$$= -RT_C \cdot (-2) \cdot \underbrace{(v-b)^{-3} \cdot 1}_{\boxed{\text{合成関数の微分}}} + 2a \cdot (-3)v^{-4}$$

$$= \boxed{\dfrac{2RT_C}{(v-b)^3} - \dfrac{6a}{v^4} = 0} \text{ となる。}$$

よって，$\dfrac{2RT_C}{(v-b)^3} = \dfrac{6a}{v^4}$ ……⑥ が導ける。

以上 (i)(ii) より，⑤÷⑥ を計算して，

$$\left(\dfrac{\dfrac{RT_C}{(v-b)^2}}{\dfrac{2RT_C}{(v-b)^3}}\right) = \left(\dfrac{\dfrac{2a}{v^3}}{\dfrac{6a}{v^4}}\right) \qquad \dfrac{v-b}{2} = \dfrac{v}{3} \qquad 3(v-b) = 2v$$

$$\therefore v = v_C = 3b \text{ ……⑦} \qquad \boxed{\text{臨界体積 } v_C \text{ が求まった！}}$$

次，⑦を⑤に代入して，臨界温度 T_C を求めてみよう。

$$\dfrac{RT_C}{(3b-b)^2} = \dfrac{2a}{(3b)^3} \qquad \dfrac{R}{4b^2}T_C = \dfrac{2a}{27b^3} \qquad \boxed{\text{これで，} T_C \text{も} \atop \text{求まった！}}$$

$$\therefore T_C = \dfrac{2a}{27b^3} \cdot \dfrac{4b^2}{R} = \dfrac{8}{27R} \cdot \dfrac{a}{b} \text{ ……⑧ となる。}$$

最後に，⑦，⑧を $p = p(v) = \dfrac{RT_C}{v-b} - \dfrac{a}{v^2}$ ……① に代入して，p_C を求めると，

$$p_C = \dfrac{RT_C}{v_C - b} - \dfrac{a}{v_C^2} = \dfrac{R}{2b} \cdot \dfrac{8}{27R} \cdot \dfrac{a}{b} - \dfrac{a}{9b^2} = \left(\dfrac{4}{27} - \dfrac{1}{9}\right)\dfrac{a}{b^2} = \dfrac{1}{27} \cdot \dfrac{a}{b^2} \text{ となる。}$$

● 熱力学の基本

以上より，求める臨界圧力 p_C，臨界体積 v_C，臨界温度 T_C は，

$p_C = \dfrac{1}{27} \cdot \dfrac{a}{b^2}$, $v_C = 3b$, $T_C = \dfrac{8}{27R} \cdot \dfrac{a}{b}$ となって，すべてファン・デル・ワールス

定数 a, b で表すことができたんだね。計算が少し大変だったけど，大丈夫
だった？

　それでは，次の例題で練習しておこう。

例題 11　ヘリウム (He) のファン・デル・ワールス定数は，

$a = 0.00345 \, (\mathrm{Pa\,m^6/mol^2})$, $b = 2.38 \times 10^{-5} \, (\mathrm{m^3/mol})$ である。この

a, b の値を基に，次の公式を用いて，臨界温度 T_C，臨界圧力 p_C，
臨界体積 v_C を求めよう。

(i) $T_C = \dfrac{8}{27R} \cdot \dfrac{a}{b}$　　　(ii) $p_C = \dfrac{1}{27} \cdot \dfrac{a}{b^2}$　　　(iii) $v_C = 3b$

ヘリウム (He) のファン・デル・ワールス定数 a と b の値を用いて，T_C, p_C, v_C
を求めると，

(i) 臨界温度 $T_C = \dfrac{8}{27R} \cdot \dfrac{a}{b} = \dfrac{8 \times 0.00345}{27 \times 8.31 \times 2.38 \times 10^{-5}}$

$\qquad\qquad\qquad = \dfrac{8 \times 345}{27 \times 8.31 \times 2.38} \doteqdot 5.17 \, (\mathrm{K})$　であり，

(ii) 臨界圧力 $p_C = \dfrac{1}{27} \cdot \dfrac{a}{b^2} = \dfrac{0.00345}{27 \times (2.38 \times 10^{-5})^2}$

$\qquad\qquad\qquad = \dfrac{345 \times 10^5}{27 \times 2.38^2} \doteqdot 2.26 \times 10^5 \, (\mathrm{Pa})$　であり，

(iii) 臨界体積 $v_C = 3 \cdot b = 3 \times 2.38 \times 10^{-5} = 7.14 \times 10^{-5} \, (\mathrm{m^3/mol})$　となる。

以上 (i)(ii)(iii) より，

$T_C = 5.17 \, (\mathrm{K})$, $p_C = 2.26 \times 10^5 \, (\mathrm{Pa})$, $v_C = 7.14 \times 10^{-5} \, (\mathrm{m^3/mol})$ と求められた。

> これらの実測値は，P56 の表 1 で示したように，
> $T_C = 5.19 \, (\mathrm{K})$, $p_C = 2.27 \times 10^5 \, (\mathrm{Pa})$, $p_C = 5.72 \times 10^{-5} \, (\mathrm{m^3/mol})$ である。
> これから，臨界温度 T_c と臨界圧力 p_c は非常に良い一致を示しているんだ
> けれど，臨界体積 v_C については，a, b による計算値は 1.25 倍位，実測値
> より大きくなっていることが分かったんだね。

61

● 還元状態方程式もマスターしよう！

ファン・デル・ワールスの状態方程式：

$\left(p + \dfrac{a}{v^2}\right)(v - b) = RT \quad (v > b) \cdots\cdots(*h)$ のファン・デル・ワールス定数 a, b が

気体によって異なる値をとることは，既に表 2 (P57) に示した。そして，この臨界圧力 $p_C = \dfrac{1}{27} \cdot \dfrac{a}{b^2}$，臨界体積 $v_C = 3b$，臨界温度 $T_C = \dfrac{8}{27R} \cdot \dfrac{a}{b}$ となることも導いたんだね。

それでは，これらの臨界値を使って，新たな圧力，体積，温度の変数 p_r，v_r，T_r をそれぞれ次のように定義してみよう。

$$p_r = \frac{p}{p_C} \cdots\cdots(a), \qquad v_r = \frac{v}{v_C} \cdots\cdots(b), \qquad T_r = \frac{T}{T_C} \cdots\cdots(c)$$

この p_r，v_r，T_r は，それぞれの臨界値 p_C，v_C，T_C を基準にして，p，v，T が，その何倍であるかを示す変数なので，当然，単位のない無次元の数になる。たとえば，

$\begin{cases} (\,\mathrm{i}\,) \ p_r = 2 \text{ といえば，} p \text{ が } p_C \text{ の 2 倍の値であることを表し，また，} \\ (\,\mathrm{ii}\,) \ v_r = 0.5 \text{ といえば，} v \text{ が } v_C \text{ の 0.5 倍の値であることを表し，そして，} \\ (\mathrm{iii}) \ T_r = 2.3 \text{ といえば，} T \text{ が } T_C \text{ の 2.3 倍の値であることを表しているんだね。} \end{cases}$

このような無次元の変数 p_r，v_r，T_r のことを "**還元化**" された変数という。

では，この還元化された変数 p_r，v_r，T_r を使って，ファン・デル・ワールスの状態方程式を書き変えてみることにしよう。

(a)，(b)，(c) より，

$$p = p_C\, p_r = \frac{1}{27} \cdot \frac{a}{b^2} p_r \cdots\cdots(a)', \quad v = v_C\, v_r = 3b v_r \cdots\cdots(b)',$$

$$T = T_C\, T_r = \frac{8}{27R} \cdot \frac{a}{b} T_r \cdots\cdots(c)' \text{ となる。}$$

以上 $(a)'$，$(b)'$，$(c)'$ を $(*h)$ に代入すると，

$$\left(\frac{1}{27} \cdot \frac{a}{b^2} p_r + \frac{a}{9b^2 v_r^2}\right)(3b v_r - b) = \cancel{R} \cdot \frac{8}{27\cancel{R}} \cdot \frac{a}{b} T_r$$

$$\underbrace{\frac{1}{27} \cdot \frac{a}{b^2}\left(p_r + \frac{3}{v_r^2}\right)}_{} \quad \underbrace{3b\left(v_r - \frac{1}{3}\right)}_{}$$

> 左辺の 2 つの ( ) からそれぞれ，$\dfrac{1}{27} \cdot \dfrac{a}{b^2}$ と $3b$ をくくり出した！

62

$$\frac{1}{9} \cdot \frac{a}{b} \left(p_r + \frac{3}{v_r^2} \right) \left(v_r - \frac{1}{3} \right) = \frac{8}{27} \cdot \frac{a}{b} T_r$$

よって、次の p_r, v_r, T_r による状態方程式：

$$\left(p_r + \frac{3}{v_r^2} \right) \left(v_r - \frac{1}{3} \right) = \frac{8}{3} T_r \quad \left(v_r > \frac{1}{3} \right) \quad \cdots\cdots (*i)$$ が導けたんだね。

　この $(*i)$ を"還元状態方程式"という。ン？言葉が難しいって!? でも、この方程式は、ファン・デル・ワールス定数 a, b だけでなく、気体定数 R も含まないシンプルな方程式で、気体の種類によらない一般的な気体の状態方程式なんだね。

　この還元状態方程式 $(*i)$ を $p_r = p_r(v_r, T_r)$ の形に変形すると、

$$p_r = \frac{8T_r}{3v_r - 1} - \frac{3}{v_r^2} \quad \cdots\cdots (*i)'$$

となる。ここで、$T = T_c$ (臨界温度)のとき、(c) より、$T_r = 1$ となる。よって、ファン・デル・ワールスの状態方程式のときと同様に、T_r の値により、(ⅰ) $T_r > 1$、(ⅱ) $T_r = 1$、(ⅲ) $T_r < 1$ の 3 つの場合に分けて、$(*i)'$ による $p_r v_r$ 図

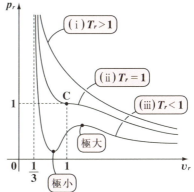

図5　還元状態方程式 ($p_r v_r$ 図)

を描くと図5のようになるんだね。これから、

$\begin{cases} (ⅰ) T_r > 1 \text{ のとき、理想気体の } pv \text{ 図と同様のグラフになり、また、} \\ (ⅱ) T_r = 1 \text{ のとき、臨界温度における } p_r v_r \text{ 図になるため臨界点 C が現われ、} \\ (ⅲ) T_r < 1 \text{ のとき、極小点 (谷) と極大点 (山) が現われることが分かる。} \end{cases}$

　これから、還元状態方程式においても、(ⅲ) $T_r < 1$ のときは、実在の気体の液化現象を正確に表現していないことが分かるんだね。

　この還元状態方程式については、次の演習問題で練習することにしよう。

演習問題 4 　 ● 還元状態方程式 ●

還元状態方程式：$p_r = \dfrac{8T_r}{3v_r - 1} - \dfrac{3}{v_r^2}$ ……(*i)′ 　$\left(v_r > \dfrac{1}{3}\right)$ について，$T_r = \dfrac{3}{2}$ のときの $p_r v_r$ 図を描け。

ヒント！ $T_r = \dfrac{3}{2} > 1$ より，このときの $p_r v_r$ 図は，理想気体の pv 図，すなわち右図のようなグラフになることが，予め分かっているんだね。(*i)′ に $T_r = \dfrac{3}{2}$ を代入すると，$p_r = f(v_r)$ となって，p_r は v_r の 1 変数関数となるので，微分計算や極限を求めることにより，$p_r v_r$ 図を描くことができる。

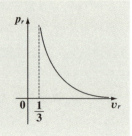

解答＆解説

(*i)′ に $T_r = \dfrac{3}{2}$ を代入すると，p_r は v_r の 1 変数関数となる。よって，

$$p_r = f(v_r) = \dfrac{12}{3v_r - 1} - \dfrac{3}{v_r^2} = 12(3v_r - 1)^{-1} - 3 \cdot v_r^{-2} \quad \cdots\cdots ① \quad \left(v_r > \dfrac{1}{3}\right) \text{とおく。}$$

① を v_r で微分すると，

$$p_r' = f'(v_r) = 12 \cdot (-1) \cdot (3v_r - 1)^{-2} \cdot 3 - 3 \cdot (-2) v_r^{-3} = -\dfrac{36}{(3v_r - 1)^2} + \dfrac{6}{v_r^3}$$

（$3v_r - 1 = u$ とおいて，合成関数の微分を行った。）

$$= -6\left\{ \dfrac{6}{(3v_r - 1)^2} - \dfrac{1}{v_r^3} \right\} = -6 \cdot \dfrac{6v_r^3 - (3v_r - 1)^2}{v_r^3 (3v_r - 1)^2} \quad \cdots\cdots ②$$

（$v_r > \dfrac{1}{3}$ より，$v_r^3 > 0$，$(3v_r - 1)^2 > 0$ だから，これは常に負となる部分。）

$f'(v_r)$ の符号に関する本質的な部分。これを，$g(v_r)$ とおいて，この符号を調べよう！

ここで $v_r > \dfrac{1}{3}$ より，$-\dfrac{6}{v_r^3 (3v_r - 1)^2} < 0$ となる。よって，$f'(x)$ の符号に関する本質的な部分を，$y = g(v_r) = 6v_r^3 - (3v_r - 1)^2 = 6v_r^3 - 9v_r^2 + 6v_r - 1 \quad \cdots\cdots ③$

$\left(v_r > \dfrac{1}{3}\right)$ とおいて，この符号を調べる。まず，③ を v_r で微分して，

$g'(v_r) = 18v_r^2 - 18v_r + 6 = 6(3v_r^2 - 3v_r + 1)$

ここで，$3v_r^2 - 3v_r + 1 = 0$ の判別式を D とおくと，

$D = (-3)^2 - 4\cdot 3\cdot 1 = -3 < 0$ となる。

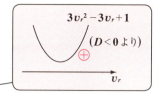

よって，$3v_r^2 - 3v_r + 1 > 0$

$g'(v_r) = 6\underbrace{(3v_r^2 - 3v_r + 1)}_{\oplus} > 0$ より，$g(v_r)$ は，$v_r > \dfrac{1}{3}$ のとき単調に増加する。

次に，$v_r = \dfrac{1}{3}$ のとき，③より，

$g\left(\dfrac{1}{3}\right) = 6\cdot\left(\dfrac{1}{3}\right)^3 - \underbrace{\left(3\times\dfrac{1}{3} - 1\right)^2}_{0} = \dfrac{2}{9}$

となる。

よって，$y = g(v_r)$ は $v_r > \dfrac{1}{3}$ の範囲において，

常に正である。よって，②より，

$f'(v_r) = -\underbrace{\dfrac{6}{v_r^3(3v_r-1)^2}}_{\ominus} \times \underbrace{g(v_r)}_{\oplus} = \ominus \times \oplus < 0$ となる。よって，$p_r = f(v_r)$ は，

$v_r > \dfrac{1}{3}$ の範囲で単調に減少する。

次に，2つの極限を求めると，

$\displaystyle\lim_{v_r\to\frac{1}{3}+0} f(v_r) = \dfrac{12}{3v_r-1} - \dfrac{3}{v_r^2} = \underbrace{\dfrac{12}{+0}}_{\infty} - 27 = \infty$

$\displaystyle\lim_{v_r\to\infty} f(v_r) = \dfrac{12}{3v_r-1} - \dfrac{3}{v_r^2} = \underbrace{\dfrac{12}{\infty} - \dfrac{3}{\infty}}_{0-0=0} = 0$

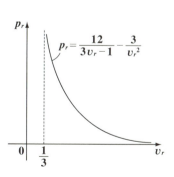

以上より，$p_r = f(v_r)$ ……① $\left(v_r > \dfrac{1}{3}\right)$

のグラフ，すなわち $p_r v_r$ 線図の概形は

右図のようになる。…………………(答)

講義 2 ●熱力学の基本　公式エッセンス

1. ボイル-シャルルの法則

　　(ⅰ) ボイルの法則：T 一定のとき，$pV =$ (一定)

　　(ⅱ) シャルルの法則：p 一定のとき，$\dfrac{V}{T} =$ (一定)

　　(ⅲ) ボイル-シャルルの法則：$\dfrac{pV}{T} = C$ (一定)

2. 理想気体の状態方程式

　　$pV = nRT$　(R：気体定数)　$\left(\text{または，}pv = RT,\ \text{ただし，}v = \dfrac{V}{n}\right)$

3. 気体の分子運動論

　　(ⅰ) 単原子分子の理想気体について，

$$\frac{1}{2}m<v^2> = \frac{3}{2}kT \quad \left(\begin{array}{l} m：分子の質量，<v^2>：分子の速さの2乗平均 \\ k：ボルツマン定数 \end{array}\right)$$

　　(ⅱ) 単原子分子理想気体の分子の速さの 2 乗平均根

$$\sqrt{<v^2>} = \sqrt{\frac{3\times10^3\times R\times T}{M}} \quad (M：分子量)$$

4. ファン・デル・ワールスの状態方程式

　　(ⅰ) ファン・デル・ワールスの状態方程式

　　　　(気体の液化現象も考慮に入れた方程式)

$$\left(p + \frac{a}{v^2}\right)(v - b) = RT \quad \left(\text{または，}p = \frac{RT}{v-b} - \frac{a}{v^2}\right)$$

　　　　(a, b：ファン・デル・ワールス定数)

$$\left(\text{臨界温度}\ T_C = \frac{8}{27R}\cdot\frac{a}{b},\ \text{臨界圧力}\ p_C = \frac{1}{27}\cdot\frac{a}{b^2},\ \text{臨界体積}\ v_C = 3b\right)$$

　　(ⅱ) 還元状態方程式

　　　　還元化された変数 $p_r = \dfrac{p}{p_C}$，$v_r = \dfrac{v}{v_C}$，$T_r = \dfrac{T}{T_C}$ を用いると，

　　　　還元状態方程式：$p_r = \dfrac{8T_r}{3v_r - 1} - \dfrac{3}{v_r^2}$ が導かれる。

熱平衡と熱力学第1法則

- ▶ 熱力学第0法則（熱平衡）

- ▶ 熱力学第1法則

  $$\left(\begin{array}{l}単原子理想気体の内部エネルギー \ U = \dfrac{3}{2}nRT \\ 熱力学第1法則 \ dU = d´Q - d´W\end{array}\right)$$

- ▶ 比熱と断熱変化

  $$\left(\begin{array}{l}定積モル比熱 \ C_V = \left(\dfrac{\partial u}{\partial T}\right)_v, \ 定圧モル比熱 \ C_p = \left(\dfrac{\partial h}{\partial T}\right)_p \\ 断熱変化 \ pV^\gamma = (一定)\end{array}\right)$$

§1. 熱力学第1法則

 サァ,これから熱力学の基本法則である"**熱力学第1法則**"について解説しよう。この熱力学第1法則は,熱力学的なエネルギーの保存則と言うことができるんだね。これにより,ある系(たとえば容器内の気体)に流入した熱量と,その系の"**内部エネルギー**"の増分,およびその系が外部になした"**仕事**"の関係を明確に表すことができるので,様々な計算ができるようになるんだね。ン? 面白そうだって?

 でも,この熱力学第1法則の解説に入る前に,まず,熱と温度との関係を表す"**熱力学第0法則**"について解説しよう。この際に,"**熱平衡**"状態の意味についても教えよう。

● **熱力学第0法則の解説から始めよう!**

 図1に示すように,高温 (T_h) の系 A と低温 (T_l) の系 B を互いに接触した状態で置き,そのまわりを断熱材で覆うものとする。すると,時間の経過とともに高温の系 A から低温の系 B に熱が移動して,十分に時間がたつと2つの系の温度は共に同じ T_m になることを,ボク達は日頃の経験から知っている。

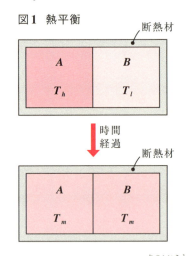

図1 熱平衡

 このように,2つの系の熱の移動が終了して,もはや2つの系の温度が変化しなくなった状態を"**熱平衡**"の状態という。そして,この状態では,各系の温度や圧力はいたる所で一定で,平衡状態であるとも言えるんだね。また,逆に,2つの系が熱平衡であるとき,これら2つの系の温度は等しいと言うことができる。

 では次に,3つの系 A, B, C について,次に示す法則が成り立つことも,ボク達は経験的に知っているんだね。

「系Aと系Bが熱平衡状態にあり，同じ状態の系Aと系Cもまた熱平衡状態にあるならば，系Bと系Cも熱平衡状態であり，系Bと系Cの温度は等しい」

そして，これを "**熱力学第0法則**" と呼ぶんだね。

これは，数学の公理：$A = B$ かつ $A = C \Longrightarrow B = C$ と同様なので，覚えやすいと思う。また，これを具体例で示すと，「2つの系AとBが熱平衡であり，さらに2つの系AとCも熱平衡であるならば，系Aの温度が$400(K)$であるならば，BとCの系も等しく$400(K)$である。」と言えるんだね。大丈夫？

ここで，熱とはエネルギーの1種で，気体の場合，これをミクロで見れば，気体分子の不規則な運動エネルギーと密接に関連しているんだったね。したがって，$1(atm)$の下で$1(g)$の水を$1(℃)$だけ上昇させるのに必要な熱量$1(cal)$は，当然エネルギーの単位である [J] で，次のように換算して表すこ

("カロリー"と読む。)   ("ジュール"，[$N\cdot m$] のこと)

とができるんだね。

$1(cal) = 4.186(J)$ ……($*j$) ← (これは，$1(cal) = 4.2(J)$ と覚えておいてもいい。)

これを "**熱の仕事当量**" という。これも頭に入れておこう。

● **準静的過程とは，ゆっくりジワジワ変化する過程のことだ！**

ここで，演習問題2(**P42**)で扱ったものと同様の循環過程：

A → B → C → A
(等温過程 $T=T_2$)(定圧過程)(定積過程 $T=T_1$)

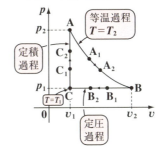

図2　準静的過程(I)

を考えてみよう。すると，3点A，B，Cにおけるp, v, Tは，
$A(p_2, v_1, T_2)$, $B(p_1, v_2, T_2)$, $C(p_1, v_1, T_1)$ と決まるね。ということは，3点A，B，Cにおける気体はすべて熱平衡状態にあることを示している。なぜなら，マクロ的に見て気体が等方・均一でなければ，どこの圧力と温度を計ればよいか分からないからなんだね。であれば，(i) A→Bの等温過程の途中の点A_1，A_2も平衡状態であり，また，(ii) B→Cの定圧過程の途中の点B_1，B_2も平衡状態であり，また，(iii) C→Aの定積過程の途中の点C_1，C_2も平衡状態であることになる。理由は

すべて同じで，pv図上の点として表示される場合，圧力や温度を測定できるように，気体はマクロ的に見て均一・等方，すなわち平衡状態にある必要があるからなんだね。

では，図3(i)に示すように，(i) $A→A_1→A_2→B$ の等温過程 $(T=T_2)$ をもう少し詳しく見てみよう。この場合，図3(ii)に示すように，初め $A(p_2, v_1, T_2)$ の状態にあるピストン内の気体を熱力学的系と見て，温度を $T=T_2$ 一定に保ちながら，熱量 $Q(J)$ を加えることにより，徐々に体積を増やし，圧力を減らして，$B(p_1, v_2, T_2)$ の状態になるんだね。

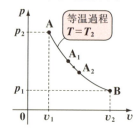

図3(i) 準静的過程(Ⅱ)

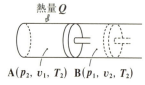

(ii) 準静的過程(Ⅲ)

この熱量 Q の加え方についてだけれど，どのように加熱すればいいか分かる？エッ！ガスバーナーで加熱すればいいって？違うね！そんなに急激に加熱したら，ピストン内の気体に乱れが生じ，場所によって，温度や圧力のムラが生じるはずだから，均一・等方の平衡状態を保てなくなるんだね。ン？でも，Aの状態からBの状態にすればいいだけだから途中は関係ないって？それも違うね。図3(i)を見れば分かる通り，$A→B$ の間もすべて曲線で結ばれているということは，A_1, A_2 だけでなく，この曲線上の点における気体の状態はすべて平衡状態であることを示しているんだね。

したがって，$A→B$ への変化は，気体(系)にほんのすこしずつ熱を加えては，気体の平衡状態を保ちながら，ゆっくりジワジワと変化させていく過程に他ならないんだね。このように，

いつも系の熱平衡状態を保ちながら，無限にゆっくり変化させる理想的な過程のことを "準静的過程" という。

そして，この $A→B$ に向かう準静的過程であれば，今度は，ビデオを逆回しにするように，$B→A$ に向かう逆向きの準静的過程も可能であることが分

● 熱平衡と熱力学第1法則

かると思う。今度は，Bの状態からほんの少しずつ熱を放出させては気体の温度 $T = T_2$ のまま平衡状態を保ちながら，ジワジワと気体を収縮させてAの状態まで戻すことは可能だからね。このように，順逆いずれの向きにも状態を変化させることのできる過程を"**可逆過程**"と呼ぶんだね。

　これに対して，ガスバーナーなどで急激に加熱して，気体をAからBの状態にもち込む場合，その途中に渦が発生したり気体に乱れが生じるはずであり，これを逆に急激に冷却して，BからAの状態にもち込もうとしても，前の渦などまったく逆向きの気体の乱れが生じることはあり得ない。したがって，このような急激な加熱や冷却などによる状態の変化の過程は逆戻りができないので，これを"**不可逆過程**"というんだね。

　赤と青の絵の具を混ぜて紫色を作る過程や，熱いお茶を常温の部屋に置いておくと徐々に冷えて大気温度と等しくなる過程など…，これらすべては不可逆過程になる。したがって，可逆過程になるのは，準静的過程くらいなんだね。よって，次のように覚えておこう。

(ゆっくりジワジワ変化) ≡ (準静的過程) ≡ (可逆過程)

　したがって，pv 線図で表される曲線や直線は，この非現実的な準静的過

pT 線図，vT 線図でも同様だ！

程 (可逆過程) なんだね。でも，このように pv 線図などで表されているからこそ，微分や積分など，数学的な取り扱いができて，理論的な考察もできるようになるんだね。

　同様に，P69の図2の (ii) B→Cの定圧過程も，(iii) C→Aの定積過程も，pv 線図の1部なので，当然，準静的過程 (可逆過程) なんだね。

● 内部エネルギー U について解説しよう！

　熱力学的な系の状態量として，圧力 p，体積 V，温度 T について解説してきたけれど，ここで新たな状態量として"**内部エネルギー**"U を加えることにしよう。この系のもつ内部エネルギー U とは，その系に含まれる分子 (または原子) のミクロな不規則な運動エネルギーの総和のことなんだね。したがって，まず，

71

(Ⅰ) 単原子分子理想気体の内部エネルギー U を求めよう。

このときの 1 原子 (分子) の平均の運動エネルギー $\frac{1}{2}m<v^2>$ は，**P48** で求めたように，

$$\frac{1}{2}m<v^2> = \frac{3}{2}kT \cdots\cdots (*f)' \quad \text{となるんだったね。}$$

$$\left(\text{ボルツマン定数 } k = \frac{R}{N_A}, \quad N_A : \text{アボガドロ数}, \quad R : \text{気体定数}\right)$$

$$\boxed{1.38 \times 10^{-23} \, (\text{J/K})} \quad \boxed{6.022 \times 10^{23}} \quad \boxed{8.31 \, (\text{J/mol K})}$$

したがって，$n \, (\text{mol})$ の気体の場合，$n \cdot N_A$ 個の分子が存在するので，$(*f)'$ の両辺に nN_A をかけたものが，$n \, (\text{mol})$ の気体の内部エネルギー U になる。よって，

$$U = nN_A \cdot \frac{1}{2}m<v^2> = nN_A \cdot \frac{3}{2}kT = nN_A \cdot \frac{3}{2} \cdot \frac{R}{N_A}T \quad \text{より，}$$

ゆえに，$n \, (\text{mol})$ の単原子分子理想気体の内部エネルギー U は，

$$U = \frac{3}{2}nRT \cdots\cdots (*k) \quad \text{となるんだね。大丈夫？}$$

ン？2 原子分子や，3 原子以上の多原子分子の理想気体の内部エネルギー U がどうなるか知りたいって？ もちろん，これから解説しよう。

これについては，**P48** で解説したように，分子の自由度と，エネルギーの等分配の法則がポイントとなる。すなわち，1 つの分子の運動に対して，1 自由度当たり $\frac{1}{2}kT$ のエネルギーが割り当てられると考える。よって，図 4(ⅰ) に示すような単原子分子であれば，その運動は x 軸，y 軸，z 軸方向の 3 つの自由度をもつので，1 分子の平均運動エネルギー $\frac{1}{2}m<v^2>$ は，

$$\frac{1}{2}m<v^2> = \underbrace{3}_{\text{自由度}} \cdot \frac{1}{2}kT \quad \text{となって，} (*f)' \text{となったんだね。これに対して，}$$

2 原子分子の場合は，図 4(ⅱ) に示すように，<u>平進運動の自由度 3</u> に加えて，

$$\boxed{x \text{ 軸}, \, y \text{ 軸}, \, z \text{ 軸方向への運動のこと}}$$

72

2方向の回転が加わるので、トータルで自由度 5 となる。さらに、3 原子分子以上の多原子分子では、図 4(iii) に示すように、平進運動の自由度 3 に加えて、3 方向の回転が加わるので、全部で自由度は 6 となるんだね。これから、2 原子分子や多原子分子の理想気体の内部エネルギーの公式は、次のようになるんだね。

図4 分子運動の自由度

(i) 単原子分子
 (自由度 3)

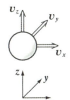

(ii) 2 原子分子
 (自由度 5)

(iii) 3 原子分子 (多原子分子)
 (自由度 6)

(Ⅱ) 2 原子分子理想気体の内部エネルギー U を求めよう。

2 原子分子の場合、実は、常温 ($\sim 300\,(\mathrm{K})$) のときは、図 4(ii) に示す通り、自由度 5 なので、1 分子の運動エネルギーは、$5 \cdot \frac{1}{2}kT = \frac{5}{2}kT$ となる。よって、これに nN_A をかけて、内部エネルギー U を求めると、

$$U = nN_A \cdot \frac{5}{2}kT = n\cancel{N_A} \cdot \frac{5}{2} \cdot \frac{R}{\cancel{N_A}}T = \frac{5}{2}nRT \quad \cdots\cdots (*k)'\ \ となるが、$$

高温の場合、さらに、2 つの原子の振動運動が生じるので、自由度 5 にさらに 2 をたして自由度 7 となる。よって、1 分子の運動エネルギーは、$7 \cdot \frac{1}{2}kT = \frac{7}{2}kT$ である。よって、これに nN_A をかけて、内部エネルギー U を求めると、

$$U = nN_A \cdot \frac{7}{2}kT = n\cancel{N_A} \cdot \frac{7}{2} \cdot \frac{R}{\cancel{N_A}}T = \frac{7}{2}nRT \quad \cdots\cdots (*k)''\ \ となるんだね。$$

(Ⅲ) 多原子分子理想気体の内部エネルギー U を求めよう。
　　(3 原子以上のこと)

図 4(iii) に示すように、多原子分子理想気体の 1 分子の運動エネルギーは、その自由度が 6 より、$6 \cdot \frac{1}{2}kT = 3kT$ となる。よって、これに nN_A

をかけて，内部エネルギー U を求めると，

$$U = nN_A \cdot 3kT = n\cancel{N_A} \cdot 3 \cdot \frac{R}{\cancel{N_A}}T = 3nRT \quad \cdots\cdots (*k)''' \quad となる。$$

以上 (I)，(II)，(III) より，理想気体の内部エネルギー U を求める公式を次に
まとめて示しておくので，シッカリ頭に入れておこう。

■ 理想気体の内部エネルギー U

(I) 単原子分子理想気体：$U = \dfrac{3}{2}nRT \quad \cdots\cdots (*k)$

(II) 2原子分子理想気体：$U = \dfrac{5}{2}nRT \quad \cdots\cdots (*k)'$ ← 常温 $(\sim 300(\mathrm{K}))$ のとき

$\qquad\qquad\qquad\qquad\quad U = \dfrac{7}{2}nRT \quad \cdots\cdots (*k)''$ ← 高温のとき

(III) 多原子分子理想気体：$U = 3nRT \quad \cdots\cdots (*k)'''$
　　　└ 3原子以上

それでは，次の例題を解いておこう。

例題 12 次の各理想気体の内部エネルギー U を求めよう。

　(1) $400(\mathrm{K})$ で，$3(\mathrm{mol})$ のヘリウム (He)

　(2) $15(^\circ\mathrm{C})$ で，$0.4(\mathrm{mol})$ の酸素 $(\mathrm{O_2})$

　(3) $100(^\circ\mathrm{C})$ で，$10(\mathrm{mol})$ の二酸化炭素 $(\mathrm{CO_2})$

---

(1) ヘリウム (He) は 1 原子分子なので，$T = 400(\mathrm{K})$，$n = 3(\mathrm{mol})$ のこの気体
の内部エネルギー U は，公式 $(*k)$ より，

$$U = \frac{3}{2}nRT = \frac{3}{2} \times 3 \times 8.31 \times 400 = 14958(\mathrm{J}) \fallingdotseq 1.50 \times 10^4(\mathrm{J}) \quad である。$$

(2) 酸素 $(\mathrm{O_2})$ は 2 原子分子で，$T = 15 + 273.15 = 288.15(\mathrm{K})$ は常温である。
よって，$n = 0.4(\mathrm{mol})$ のこの気体の内部エネルギー U は，公式 $(*k)'$ より，

$$U = \frac{5}{2}nRT = \frac{5}{2} \times 0.4 \times 8.31 \times 288.15$$

$$= 2394.5\cdots \fallingdotseq 2.39 \times 10^3(\mathrm{J}) \quad である。$$

74

(3) 二酸化炭素 (CO_2) は 3 原子分子なので，$T = 100 + 273.15 = 373.15 (K)$，
$n = 10 (mol)$ のこの気体の内部エネルギー U は，公式 $(*k)'''$ より，

$U = 3nRT = 3 \times 10 \times 8.31 \times 373.15$
$= 93026.2 \cdots \fallingdotseq 9.30 \times 10^4 (J)$ となって，答えだ。大丈夫だった？

さらに，たとえば（I）$U = \underset{\text{定数}}{\frac{3}{2}} nRT$ ……$(*k)$ の場合，これから，変化分や微分の

式として $\Delta U = \frac{3}{2} nR \cdot \Delta T$ や $dU = \frac{3}{2} nR \cdot dT$ が導かれるんだね。(P12 参照)
$(*k)'$, $(*k)''$, $(*k)'''$ についても同様だね。これから，気体分子の不規則な
運動の運動エネルギーが増加することにより，温度が ΔT だけ増加すれば，
それに比例して内部エネルギーが ΔU だけ増加することが分かるんだね。

● 熱力学第 1 法則について解説しよう！

サァ，これから"熱力学第 1 法則"について詳しく解説しよう。
図 5 に示すように，シリンダーとピストンで出来た容器内の気体を 1 つの熱力学的な系とする。このとき，これに $Q(J)$ の熱量が加えられると気体の温度が ΔT だけ上昇して，その内部エネルギーが増加する。また，この気体の体積が ΔV だけ増加すると，この

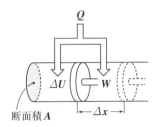

図 5 熱力学第 1 法則
$Q = \Delta U + W$

気体は外部に仕事をすることになる。この内部エネルギーの増分を $\Delta U(J)$，
また気体が外部にした仕事を $W(J)$ とおくと，$Q = \Delta U + W$，すなわち，
$\Delta U = Q - W$ ……$(*l)$ が成り立つんだね。
この $(*l)$ を"**熱力学第 1 法則**"という。つまり，熱力学的なエネルギー保存
則が，この熱力学第 1 法則ということになるんだね。
ここで，$W = p\Delta V$ とおくと，$(*l)$ は次のように表すこともできる。

ピストンの断面積を $A(m^2)$ とおくと，$p\Delta V = \frac{F}{A} \cdot A \cdot \Delta x = F\Delta x (J)$
となって，気体が外部になす仕事になっていることが分かるんだね。

$$\Delta U = Q - p\Delta V \quad \cdots\cdots (*l)'$$

ここで，さらに Q を加える前後の内部エネルギーをそれぞれ U_1, U_2 とおくと，$\Delta U = U_2 - U_1$ より，これを $(*l)'$ に代入して，$U_2 - U_1 = Q - p\Delta V$ より，熱力学第1法則は，

$$U_2 = U_1 + Q - p\Delta V \quad \cdots\cdots (*l)'' \quad \text{と表現することもできるんだね。}$$

ここで，$(*l)''$ の U_1 と U_2 をそれぞれ先月と今月の通帳の預金残高と考えると分かりやすいかも知れないね。Q は，外部から系に加わる熱量なので，これを収入と考え，$p\Delta V$ は，系が外部になす仕事なので，これを支出と考えよう。つまり，先月の預金残高 U_1 に，収入の Q をたして，支出の $p\Delta V$ を引いたものが，今月の預金残高 U_2 になるということだ。

$$U_2 = \quad U_1 \quad + \quad Q \quad - p\Delta V \quad \cdots\cdots (*l)''$$
今月末の残高　先月末の残高　収入　　支出

もちろん，系に熱を加える場合を $Q > 0$ としているので，系から熱が放出される場合は $\underline{Q < 0}$ となるし，同様に，系が膨張により外部に仕事をする場
　　　　　　　　　　　支出
合を $W = p\Delta V > 0$ としているので，逆に系が圧縮により外部から仕事をされる場合は，$p\Delta V < 0$，すなわち $\underline{-p\Delta V > 0}$ となる。つまり，Q も $p\Delta V$ も符号
　　　　　　　　　　　　　　　　収入
により収支が逆転することに気を付けよう。

元の熱力学第1法則の公式：$\Delta U = Q - W \quad \cdots\cdots (*l)$ から，次の微分公式：

$$dU = d'Q - d'W \quad \cdots\cdots (*m) \quad \text{が導かれる。}$$

$(*l)$ を見て，何か気付かない？…，そうだね。$(*m)$ の右辺が $dQ - dW$ でなく，$d'Q - d'W$ のように " ´ "（ダッシュ）が付いていることだね。これについても解説しておこう。

内部エネルギー U は状態量なので，系の他の状態量 p, V, T で表すことができるんだけれど，熱量 Q や仕事 W は系とは関係なく外部から与えられる収支に過ぎないからなんだね。つまり，状態量 U の微小な変化分 dU に対して，$d'Q$ や $d'W$ も微少量となるか，どうかは分からないので，このように " ´ "

●熱平衡と熱力学第1法則

を付けている。もっと具体的に解説すると，たとえば，$dU = 0.01(\text{J})$ であっ

> 本当は dU はもっとずっと小さな量のことなんだけれど，今は例えだからこうする！

たとしよう。このとき，$d'Q$ と $d'W$ の組合せは，$d'Q = 500.01$ で $d'W = 500$ でも，$d'Q = 1000$ で $d'W = 999.99$ でも，$\cdots dU = d'Q - d'W$ をみたすわけだから，$d'Q$ と $d'W$ は別に微小な量でなくてもいいし，組合せだって無限に存在することになるんだね。これで，公式 $(*m)$ の意味もよく分かったと思う。ここで，$d'W = pdV$ なので，$(*m)$ は，

> これは，状態量 V の微小量なので "´" はない！

$$dU = d'Q - pdV \quad \cdots\cdots(*m)'\ \text{と表すこともできる。}$$

ただし，$(*m)'$ を曲線や直線で表される pv 線図の過程に利用する場合，これはゆっくりジワジワの準静的過程(可逆過程)なので，熱の流入や流出も当然ゆっくりジワジワのはずだね。よって，この場合 $d'Q$ も十分に微小な量 dQ と考えていいんだね。

　ここで，対象とする系の気体が理想気体であるとき，U の微少量(全微分) dU は U の公式 $(*k)$, $(*k)'$, $(*k)''$, $(*k)'''$(P74) から，当然次のようになることも大丈夫だね。

(I) 単原子分子理想気体の場合

$$dU = \frac{3}{2}nRdT \quad \cdots\cdots(*n) \qquad \boxed{U = \frac{3}{2}nRT \cdots\cdots(*k)\ \text{より}}$$

(II) 2原子分子理想気体の場合

$$\begin{cases} dU = \dfrac{5}{2}nRdT \quad \cdots\cdots(*n)' \quad (\text{常温}) \quad \boxed{U = \dfrac{5}{2}nRT \cdots\cdots(*k)'\ (\text{常温})\text{より}} \\[2mm] dU = \dfrac{7}{2}nRdT \quad \cdots\cdots(*n)'' \quad (\text{高温}) \quad \boxed{U = \dfrac{7}{2}nRT \cdots\cdots(*k)'\ (\text{高温})\text{より}} \end{cases}$$

(III) 多原子分子理想気体の場合

$$dU = 3nRdT \quad \cdots\cdots\cdots(*n)''' \qquad \boxed{U = 3nRT \cdots\cdots\cdots(*k)'''\ \text{より}}$$

> ただし，これらの公式は，あくまでも理想気体が対象で，$U = U(T)$，すなわち，U は，温度 T のみの1変数関数だから導かれる公式であることに気を付けよう。実在の気体を対象とする場合，U は V と T の2変数関数，すなわち $U = U(V, T)$ $(u = u(v, T))$ となることも頭に入れておこう。これについても，P195 の演習問題 11 で解説しよう。

77

● 第1種の永久機関は作れない！

　燃料 (熱量) を何も消費することなく，永久に動き続ける機械のことを"第1種の永久機関"というんだね。この夢の第1種の永久機関を求めて，様々な試みがなされてきたんだけれど，熱力学第1法則を使って考えると，これを作ることが不可能であることが分かるんだね。残念だけれど…。

　ある1つの状態から出発した熱力学的な系が様々に状態を変化させた後，また元の状態に戻るような過程のことを，"循環過程"または簡単に"サイクル"という。一般に，熱機関は繰り返し運動をして仕事をするため，必然的にこの循環過程を回転し続けることになるんだね。

　この循環過程 (サイクル) を，

熱力学第1法則：$\Delta U = Q - W$ ……$(*l)$ で考えてみることにしよう。

1サイクルが終わった時点で，系は元の状態に戻っているので，当然

$\Delta U = 0$ となる。これを $(*l)$ に代入すると，

$0 = Q - W$　　∴ $Q = W$ ……⓪ が導かれるんだね。

この⓪から，1サイクルの熱収支の差し引きの結果，系に与えられた熱量 Q が，そのままこの系が外部になす仕事 W になることが分かる。

ということは，$Q = 0$ であるならば，⓪より $W = 0$ となる。したがって，熱量 (燃料) を使うことなしに循環運動を続ける "第1種の永久機関" を作ることはできないということになるんだね。この第1種の永久機関とは $Q = 0$ のとき，$W > 0$ をみたす機関なんだけれど，これは⓪式と明らかに矛盾するからなんだね。

　しかし，$Q = W > 0$ となる循環機関ならば，様々なものを考察することができる。

● 具体的な循環過程 (サイクル) を考えよう！

　では，熱量 Q を得て，外部に W の仕事をする循環過程 (サイクル) の内，単純なものを1つここで紹介しよう。ここで，このサイクル (循環過程) のような熱機関で用いられる熱力学的な系のことを，"作業物質"と呼ぶことも覚えておこう。

　$n (mol)$ の理想気体の作業物質が，図6に示すような4つの状態：

$A(p_2, V_1)$, $B(p_2, V_2)$, $C(p_1, V_2)$, $D(p_1, V_1)$ を $A \to B \to C \to D \to A$ の順に1周する循環過程について考えよう。

(i) $A \to B$：定圧過程　$(p = p_2)$
(ii) $B \to C$：定積過程　$(V = V_2)$
(iii) $C \to D$：定圧過程　$(p = p_1)$
(iv) $D \to A$：定積過程　$(V = V_1)$

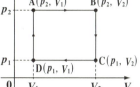

この (i) 〜 (iv) の 4 つの過程で、作業物質が外部になす仕事を順に W_{AB}, W_{BC}, W_{CD}, W_{DA} とおくと、この 1 サイクルで作業物質が外部になす仕事の総和 W は、$W = W_{AB} + W_{BC} + W_{CD} + W_{DA}$ ……① となるんだね。この W を求めてみよう。

(i) $A \to B$ における微小な仕事 $d'W$ は、$d'W = p_2 dV$ より、これを積分して、
$$W_{AB} = \int_{V_1}^{V_2} p_2 dV = p_2 [V]_{V_1}^{V_2} = \underline{p_2(V_2 - V_1)} \quad \cdots\cdots ②$$
（定数）　　　　　　　　　　　⊕

(ii) $B \to C$ における微小な仕事 $d'W$ は、$d'W = p dV$
　　　　　　　　　　　　　　　　　　　0　　$V = V_2$ (一定)
$\therefore W_{BC} = 0$ ………………………………………… ③

(iii) $C \to D$ における微小な仕事 $d'W$ は、$d'W = p_1 dV$ より、これを積分して、
$$W_{CD} = \int_{V_2}^{V_1} p_1 dV = p_1 [V]_{V_2}^{V_1} = p_1(V_1 - V_2) = \underline{-p_1(V_2 - V_1)} \quad \cdots\cdots ④$$
（定数）　　　　　　　　　　　　　　　⊖

(iv) $D \to A$ における微小な仕事 $d'W$ は、$d'W = p dV$
　　　　　　　　　　　　　　　　　　　0　　$V = V_1$ (一定)
$\therefore W_{DA} = 0$ ………………………………………… ⑤

以上 (i) 〜 (iv) より、②, ③, ④, ⑤ を ① に代入すると、
$W = p_2(V_2 - V_1) + \cancel{0} - p_1(V_2 - V_1) + \cancel{0}$
　$= (p_2 - p_1)(V_2 - V_1)$ となるんだね。これは、

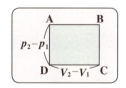

4 点 A, B, C, D でできる長方形の面積に等しいんだね。

A から始まって、A に戻って終わるので、この 1 サイクルで内部エネルギーの変化分 ΔU は $\Delta U = 0$ となる。よって、⓪ より、$0 = Q - W$、よって $Q = W$ から、この 1 サイクルで作業物質に流入する熱量 Q も $Q = (p_2 - p_1)(V_2 - V_1)$ となるんだね。

演習問題 5 ● 循環過程（I）●

5(mol)の理想気体の作業物質が，右図のような3つの状態 A，B，C を A→B→C→A の順に1周する循環過程がある。

(ⅰ) A→B：$T=1444(K)$ の等温過程
(ⅱ) B→C：$p=0.3×10^5(Pa)$ の定圧過程
(ⅲ) C→A：$V=0.5(m^3)$ の定積過程で

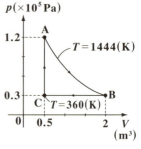

ある。また，Cにおける温度 T は $T=360(K)$ である。この(ⅰ)，(ⅱ)，(ⅲ)の3つの過程で，作業物質が外部になす仕事を順に W_{AB}，W_{BC}，W_{CA} とおくとき，この3つの値を求めて，この1サイクルで作業物質が外部にする仕事 W を $W=W_{AB}+W_{BC}+W_{CA}$ により求めよ。（ただし，小数第1位を四捨五入して求めよ。）

ヒント！ この循環過程の条件は，演習問題2(P42)のものと同じなんだね。今回は3つの過程の仕事を，$W_{AB}=\int_{0.5}^{2}pdV$，$W_{BC}=\int_{2}^{0.5}pdV$，$W_{CA}=\int_{0.5}^{0.5}pdV$ から求めて，この1サイクルで，作業物質が外部になす仕事 W を，これらの総和として求めよう。

解答＆解説

3点 A，B，C における圧力 p，体積 V，温度 T の値の組を示すと，
$A(p_A, V_A, T_A) = (1.2×10^5(Pa), 0.5(m^3), 1444(K))$
$B(p_B, V_B, T_B) = (0.3×10^5(Pa), 2(m^3), 1444(K))$
$C(p_C, V_C, T_C) = (0.3×10^5(Pa), 0.5(m^3), 360(K))$

(ⅰ) 等温過程：A→B における微小な仕事 $d'W=pdV$ は，

理想気体の状態方程式：$pV=\underset{5}{n}\underset{8.31}{R}\underset{1444}{T}$ より，$p=5×8.31×1444×\dfrac{1}{V}$

よって，$d'W=pdV=\underset{59998.2}{5×8.31×1444}×\dfrac{1}{V}dV=59998.2\cdot\dfrac{1}{V}dV$ より，

●熱平衡と熱力学第1法則

$$W_{AB} = \int_{0.5}^{2} pdV = 59998.2 \int_{0.5}^{2} \frac{1}{V} dV = 59998.2 \times \log 4$$

$$[\log V]_{0.5}^{2} = \log 2 - \log 0.5 = \log \frac{2}{0.5} = \log 4$$

∴ $W_{AB} = 83175.16 \cdots ≒ 83175 \, (\mathrm{J})$ …… ① である。 ………………(答)

(ii) 定圧過程：$\mathrm{B} \to \mathrm{C}$ における微小な仕事 $d'W = pdV$ は，
$0.3 \times 10^5 \, (\mathrm{Pa}) \, (一定)$

$d'W = 0.3 \times 10^5 dV$ より，

$$W_{BC} = \int_{2}^{0.5} pdV = 0.3 \times 10^5 \int_{2}^{0.5} dV = 3 \times 10^4 \times (-1.5)$$

$0.3 \times 10^5 \, (定数)$　　$[V]_{2}^{0.5} = 0.5 - 2 = -1.5$

∴ $W_{BC} = -45000 \, (\mathrm{J})$ ……………………… ② である。 …………(答)

(iii) 定積過程：$\mathrm{C} \to \mathrm{A}$ における微小な仕事 $d'W = pdV$ は，体積 $V = 0.5$ (一定)
より，$dV = 0$，よって，$dW' = 0$

∴ $W_{CA} = 0 \, (\mathrm{J})$ ……………………… ③ である。 …………(答)

以上(i)(ii)(iii)の①，②，③の総和が，この循環過程が1周するときに，外部になす仕事 W となるので，

$W = W_{AB} + W_{BC} + W_{CA} = 83175 - 45000 + 0 = 38175 \, (\mathrm{J})$ である。 ………(答)

参考

この仕事 W，すなわち，
$W = W_{AB} + W_{BC} + W_{CA}$ は，

[◣ − ▭ + 0]

右図に示すように，この循環過程の pV 線図
によって囲まれる図形の面積に等しい。
また，この循環過程は，すべて準静的過程な
ので，可逆なんだね。したがって，この逆回転による $\mathrm{A} \to \mathrm{C} \to \mathrm{B} \to \mathrm{A}$ の循環過程も可能
で，この場合，1サイクルでこの作業物質は逆に外部から $W = 38175 \, (\mathrm{J})$ の仕事をさ
れることになる。

§2. 比熱と断熱変化

ここでは，まず"比熱"について解説しよう。熱力学における比熱は「ある物質(熱力学的な系や作業物質) 1モルを 1(K) だけ上昇させるのに必要

（1(℃)と同じ）

な熱量」と定義するので，これを"モル比熱"と呼ぶことにしよう。このモル比熱には，"定積モル比熱" C_V と"定圧モル比熱" C_p の2種類のものがあるんだね。さらに，この2つの間の関係式(マイヤーの関係式)についても教えよう。さらに，"比熱比" $\gamma = \dfrac{C_p}{C_V}$ を使って，理想気体の断熱変化が $pV^\gamma = ($一定$)$ で表されることも解説するつもりだ。

エッ? 内容が多すぎるって!? 大丈夫! また，分かりやすく解説するからね。

● モル比熱には2種類がある!

それではまず，モル比熱 C の定義を下に示そう。

> **モル比熱の定義**
>
> モル比熱 $C(\text{J/mol K})$：ある物質1モルを温度 1(K) だけ上昇させるのに必要な熱量

これから，n モルの物質(熱力学的な系)を $\Delta T(\text{K})$ だけ上昇させる必要な熱量を ΔQ とおくと，

$\Delta Q = nC\Delta T$ ……① となるのは大丈夫だね。

①の両辺を n で割って，$\dfrac{\Delta Q}{n} = \Delta q$ と表すことにすると①は，

$\Delta q = C\Delta T$ ……①′ となる。

ここで，熱量 Q や作業物質が外部になす仕事 W は状態変数ではないんだけれど，これを1モル当たりの作業物質で換算したものを，それぞれ q，w で表すことにしよう。つまり $q = \dfrac{Q}{n}$，$w = \dfrac{W}{n}$ ということなんだね。

82

●熱平衡と熱力学第 1 法則

これと同様に，熱力学的な系 (または，作業物質) の状態変数 V，U も，$\mathbf{1}$ モル当たりの物質で換算したものを，それぞれ $v\left(=\dfrac{V}{n}\right)$，$u\left(=\dfrac{U}{n}\right)$ と表すことにする。これに対して，同じ状態変数でも，圧力 p や温度 T は物質の量，すなわちモル数とは無関係なので，物質 $\mathbf{1}$ モル当たりに換算しても，p は p であり T は T となり，物質の量とは無関係な量であることが分かるんだね。

これから，今ボク達が知っている状態変数 p，V，T，U を次のように "示量変数" と "示強変数" の 2 種類に分類することができる。

示量変数と示強変数

(Ⅰ) 物質の量に比例する状態変数を "示量変数" という。

   (ex) 体積 V，内部エネルギー U

(Ⅱ) 物質の量と無関係な状態変数を "示強変数" という。

   (ex) 圧力 p，温度 T

これ以降に出てくる状態変数としてエンタルピー H やエントロピー S など…があるが，これらが出てくるたびに，これらが，示量変数なのか，示強変数なのかを，いつも確認する必要があるんだね。

それでは，話を①′ に戻そう。①′ を微分量で表すと，

$d'q = CdT$ $\therefore C = \dfrac{d'q}{dT}$ ……② が導ける。これから，

比熱とは，$\mathbf{1(mol)}$ 当たりの熱量 q を温度 T で微分したものであることが分かる。ここで，熱力学第 1 法則：

$Q = \Delta U + p\Delta V$ ……$(*l)'$ の両辺を n モルで割って 1 モル当たりの換算式にすると，$\dfrac{Q}{n} = \dfrac{\Delta U}{n} + p\dfrac{\Delta V}{n}$ より，

$q = \Delta u + p\Delta v$ となる。これをさらに微分量で表示すると，

$d'q = du + pdv$ ……③ となる。

この②と③を利用して，"定積モル比熱" C_V と "定圧モル比熱" C_p を定義することができるんだね。

83

固体を加熱する場合その体積は一定とみなして構わないんだけれど，気体の場合には，圧力一定の下で加熱すると当然体積は増加する。これから，気体に関してその比熱 C を求めるには，

$$比熱\ C = \frac{d'q}{dT} \cdots\cdots ②$$
$$d'q = du + pdv \cdots\cdots ③$$

(I) 体積一定の下での比熱，すなわち "**定積モル比熱**" C_V と

(II) 圧力一定の下での比熱，すなわち "**定圧モル比熱**" C_p の

2 つに場合分けして考える必要があるんだね。

　では，この 2 つを求める公式を考えてみよう。

(I) 定積モル比熱 C_V について，

　　定積変化での比熱を求めるので，v は一定で変化しないから，当然その微分量 dv は，$dv = 0$ となる。これを③に代入すると，

$$d'q = du + \underset{\boxed{0}}{pdv} = du \cdots\cdots ③'\ となる。よって，$$

　　③'を②に代入して，求める定積モル比熱 C_V は，

$$C_V = \frac{d'q}{dT} = \left(\frac{\partial u}{\partial T}\right)_v \quad \therefore\ C_V = \left(\frac{\partial u}{\partial T}\right)_v \cdots\cdots (*o)\ となるんだね。$$

> u は，理想気体でなければ，T と v の 2 変数関数と考えられるので，v を一定としたときの T による偏微分の形式で表した。

(II) 定圧モル比熱 C_p についても，

$$C_p = \frac{d'q}{dT} \cdots\cdots ② と d'q = du + pdv \cdots\cdots ③ を利用することは同じだけれど，$$

ここでさらに，"**エンタルピーH**" を次のように定義して，これを利用しよう。

$$H = U + pV \cdots\cdots (*p)$$

右に示すように，エンタルピー H は，

$H = (示量変数) + (示量変数) = (示量変数)$

より，示量変数なんだね。よって，$(*p)$ の両辺を $n(\mathrm{mol})$ で割って，$1(\mathrm{mol})$ 当たりの H を h とおくと，

$$h = u + pv \cdots\cdots (*p)'\ となる。$$

> $H = U + p \times V = (示量) + (示量)$
> $\quad 示量 \quad 示強 \quad 示量$
> $\qquad\qquad\qquad 示量$
> $(示強) \times (示量) は (示量) になる。$

> $\dfrac{H}{n} = \dfrac{U}{n} + p\dfrac{V}{n}$
> $\ h \qquad u \qquad\ v$

●熱平衡と熱力学第1法則

ここで，$(*p)'$ の両辺の微分量をとると，

$$dh = du + \underline{d(pv)}$$

$$\underline{\underline{vdp + pdv}}$$

> 公式：$(f \cdot g)' = f' \cdot g + f \cdot g'$
> と同様だ。

$$\therefore dh = du + \underset{\boxed{0}}{v\cancel{dp}} + pdv \quad \cdots\cdots ④$$

ここでは，定圧過程を対象としているため，$p = (一定)$ より，$dp = 0$ となる。これを④に代入して，

$dh = du + pdv$ ……④$'$ が導かれる。したがって，定圧過程においては，③と④$'$ を比較して，$d'q = dh$ ……⑤ であることが分かったんだね。

よって，⑤を②に代入すると，定圧モル比熱 C_p は，

$$C_p = \frac{d'q}{dT} = \underline{\left(\frac{\partial h}{\partial T}\right)_p} \quad \therefore C_p = \left(\frac{\partial h}{\partial T}\right)_p \quad \cdots\cdots (*q)$$

> H も，T と p の2変数関数と考えられるので，
> p を一定としたときの T による偏微分の形で表した。

以上より，定積モル比熱 C_V と定圧モル比熱 C_p をまとめて下に示す。

定積モル比熱 C_V と定圧モル比熱 C_p

(i) 定積モル比熱 C_V：体積一定の下で，物質 1 モルを温度 1(K) だけ
上昇させるのに必要な熱量

$$C_V = \left(\frac{\partial u}{\partial T}\right)_v \quad \cdots\cdots\cdots\cdots\cdots\cdots\cdots (*o)$$

(ii) 定圧モル比熱 C_p：圧力一定の下で，物質 1 モルを温度 1(K) だけ
上昇させるのに必要な熱量

$$C_p = \left(\frac{\partial h}{\partial T}\right)_p \quad \cdots\cdots\cdots\cdots\cdots\cdots\cdots (*q)$$

(ただし，h は 1(mol) 当たりのエンタルピーで，$h = u + pv \cdots (*p)'$ である。)

これで，C_V と C_p の定義も明らかとなったので，今度は理想気体の C_V と C_p の値を具体的に求め，さらに，比熱比 $\gamma = \dfrac{C_p}{C_V}$ の値も求めてみよう！

85

● 理想気体の C_V と C_p を計算しよう！

それではまず，理想気体の定積
モル比熱 C_V の計算から始めよう。
$(*k)$ の式 (右図) から，まず u を
求める必要があるんだね。内部エ
ネルギー U は，(ⅰ) 単原子分子の
場合，(ⅱ) 2 原子分子の場合 (常温，
または高温)，(ⅲ) 多原子分子の場

> 理想気体の内部エネルギー U : $(*k)$ の公式
> (ⅰ) 単原子分子 : $U = \dfrac{3}{2}nRT$
> (ⅱ) 2 原子分子 : $U = \dfrac{5}{2}nRT$ (常温)
> $\qquad\qquad\quad U = \dfrac{7}{2}nRT$ (高温)
> (ⅲ) 多原子分子 : $U = 3nRT$

合に分けて考えるんだったね。よって，**1 モル当たりに換算した内部エネル**
ギー $u\left(= \dfrac{U}{n}\right)$ は次のようになる。

(ⅰ) 単原子分子の場合 : $u = \dfrac{3}{2}RT$

(ⅱ) 2 原子分子の場合 : $\underline{u = \dfrac{5}{2}RT}$, $\underline{u = \dfrac{7}{2}RT}$

　　　　　　　　　　　 常温のとき　　 高温のとき

(ⅲ) 多原子分子の場合 : $\underline{u = 3RT}$

　　　　 3 原子以上

このように理想気体の場合，u は T のみの **1 変数関数**となるので，

$C_V = \left(\dfrac{\partial u}{\partial T}\right)_v$ ……$(*o)$ は，$C_V = \dfrac{du}{dT}$ ……$(*o)'$ と表してもいいんだね。

$(*o)'$ より，求める理想気体の定積モル比熱 C_V は，

(ⅰ) 単原子分子理想気体の場合，

$\quad C_V = \dfrac{d}{dT}\left(\dfrac{3}{2}RT\right) = \dfrac{3}{2}R$ 　となり，

(ⅱ) 2 原子分子理想気体の場合，

$\quad C_V = \dfrac{d}{dT}\left(\dfrac{5}{2}RT\right) = \dfrac{5}{2}R$ 　(常温のとき)

$\quad C_V = \dfrac{d}{dT}\left(\dfrac{7}{2}RT\right) = \dfrac{7}{2}R$ 　(高温のとき) 　となり，そして，

86

●熱平衡と熱力学第1法則

(iii) 多原子分子理想気体の場合，

$$C_V = \frac{d}{dT}(3RT) = 3R \quad となるんだね。簡単だったでしょう？$$

それでは次，この C_V を基に理想気体の定圧モル比熱 C_p も求めてみよう。

C_p の定義式：$C_p = \left(\dfrac{\partial h}{\partial T}\right)_p$ ……$(*q)$ について，$1(\mathrm{mol})$ 当たりのエンタルピー

$h = u + pv$ より，p が一定の条件の下で，

$$C_p = \frac{\partial h}{\partial T} = \frac{\partial}{\partial T}(u + pv) = \frac{\partial u}{\partial T} + \frac{\partial}{\partial T}(pv)$$

$$= \frac{\partial u}{\partial T} + v\underbrace{\frac{\partial p}{\partial T}}_{0\,(\because p=(一定))} + p\underbrace{\frac{\partial v}{\partial T}}_{} = \underbrace{\frac{\partial u}{\partial T}}_{u は T のみの関数より，\frac{du}{dT}} + p\,\frac{\partial \boxed{v}}{\partial T}\underset{定数}{\boxed{\tfrac{R}{p}\cdot T}}$$

理想気体の状態方程式：$pv = RT$

理想気体

$$= \underbrace{\frac{du}{dT}}_{C_V} + p\cdot\underbrace{\frac{R}{p}}_{定数}\cdot 1 = C_V + R$$

よって，理想気体における C_p と C_V の関係式，すなわち **"マイヤーの関係式"**：

$C_p = C_V + R$ ……$(*r)$ が導かれる。これで，C_V に R をたしたものが C_p に

なることが分かった。

以上より，理想気体の C_V と C_p をまとめて示そう。

理想気体の C_V と C_p

理想気体の定積モル比熱 C_V と定圧モル比熱 C_p は，

(Ⅰ) 単原子分子の場合 $C_V = \dfrac{3}{2}R$ ，$C_p = \dfrac{5}{2}R$

(Ⅱ) 2 原子分子の場合 　(i) 常温のとき，$C_V = \dfrac{5}{2}R$ ，$C_p = \dfrac{7}{2}R$

　　　　　　　　　　　　(ii) 高温のとき，$C_V = \dfrac{7}{2}R$ ，$C_p = \dfrac{9}{2}R$

(Ⅲ) 多原子分子の場合 $C_V = 3R$ ，$C_p = 4R$

また，理想気体の場合，u は T の **1 変数関数**

なので，$(*o)$ は，

$$C_V = \left(\frac{\partial u}{\partial T}\right)_v = \frac{du}{dT} \quad \cdots\cdots(*o)'$$ となる。これから，

$$\boxed{\begin{array}{l} C_V = \left(\dfrac{\partial u}{\partial T}\right)_v \cdots\cdots(*o) \\[2mm] C_p = \left(\dfrac{\partial h}{\partial T}\right)_p \cdots\cdots(*q) \\[2mm] C_p = C_V + R \cdots\cdots(*r) \end{array}}$$

$du = C_V dT$ 　　両辺に $n\,(\mathrm{mol})$ をかけて，$\underline{ndu} = nC_V dT$ より，

$$\boxed{d(nu) = dU}$$

$$dU = nC_V dT \quad \cdots\cdots(*o)''$$ が導かれる。 ← これは微分形式

これを，さらに差分形式で表すと，

$$\Delta U = nC_V \Delta T \quad \cdots\cdots(*o)'''$$ となるんだね。

同様に，理想気体の場合，h も T の **1 変数関数**で表されるので，$(*q)$ は，

$$C_p = \left(\frac{\partial h}{\partial T}\right)_p = \frac{dh}{dT}$$ となる。よって，

$dh = C_p dT$ 　　両辺に $n\,(\mathrm{mol})$ をかけて，$\underline{ndh} = nC_p dT$ より，

$$\boxed{d(nh) = dH}$$

$$dH = nC_p dT \quad \cdots\cdots(*q)'$$ が導かれる。これも，差分形式で表すと，

$$\Delta H = nC_p \Delta T \quad \cdots\cdots(*q)''$$ となる。

それでは，次の例題で計算練習しておこう。

例題 13　　$2\,(\mathrm{mol})$ の二酸化炭素 (CO_2) を理想気体と考えて，圧力一定の条件の下で，温度を $300\,(\mathrm{K})$ から $350\,(\mathrm{K})$ に上昇させた。このとき，この系のエンタルピー H の増加分を求めよう。

定圧過程での温度上昇の問題なので，公式：

$\Delta H = n \cdot C_p \cdot \Delta T \quad \cdots\cdots(*q)''$ を用いればいいんだね。

まず，$n = 2\,(\mathrm{mol})$ であり，理想気体の二酸化炭素 (多原子分子) の定圧モル比熱 C_p は，$C_p = 4R\,(\mathrm{J/mol\,K})$ なんだね。また，温度の上昇分は，

$\Delta T = 50\,(\mathrm{K})\,(= 350 - 300)$ である。以上を $(*q)''$ に代入すると，

エンタルピー H の増加分 ΔH は，

$$\Delta H = \underset{\boxed{n}}{2} \times \underset{\boxed{C_p}}{4 \times 8.31} \times \underset{\boxed{\Delta T}}{50} = 3324\,(\mathrm{J})$$ となって，答えだ。

どう？簡単だったでしょう？

88

●熱平衡と熱力学第1法則

● 比熱比 γ を求めよう！

　それでは，**比熱比** γ についても解説しておこう。この比熱比 γ は C_V と C_p を用いて，次のように定義される。

$$\gamma = \frac{C_p}{C_V} \quad \cdots\cdots (*s)$$

γ は比なので当然単位をもたない

> ・理想気体の C_V
> （ i ）単原子分子　$C_V = \dfrac{3}{2}R$
> （ⅱ）2原子分子　$C_V = \dfrac{5}{2}R$（常温）
> 　　　　　　　　　$C_V = \dfrac{7}{2}R$（高温）
> （ⅲ）多原子分子　$C_V = 3R$
> ・$C_p = C_V + R$ $\cdots\cdots (*r)$

無次元数だ。でも，何故こんな数 (比) を求める必要があるのかって？ それはこの後で解説する "**断熱変化**" のところで重要な役割を演じるからなんだね。

　ではまず，理想気体の比熱比 γ の値を次のように分類して求めよう。

（ i ）単原子分子理想気体の場合，

$$C_V = \frac{3}{2}R, \ \ C_p = C_V + R = \frac{5}{2}R, \ \ \gamma = \frac{C_p}{C_V} = \frac{5}{3}$$

（ⅱ）2原子分子理想気体の場合，

$$C_V = \frac{5}{2}R, \ \ C_p = C_V + R = \frac{7}{2}R, \ \ \gamma = \frac{C_p}{C_V} = \frac{7}{5} \quad （常温のとき）$$

$$C_V = \frac{7}{2}R, \ \ C_p = C_V + R = \frac{9}{2}R, \ \ \gamma = \frac{C_p}{C_V} = \frac{9}{7} \quad （高温のとき）$$

（ⅲ）多原子分子理想気体の場合，

$$C_V = 3R, \ \ C_p = C_V + R = 4R, \ \ \gamma = \frac{C_p}{C_V} = \frac{4}{3}$$

主な実在の気体の比熱比 γ を表1にまとめて示す。単原子分子のヘリウム (He) の比熱比 γ が $\gamma \fallingdotseq \dfrac{5}{3}$ となっているのが分かるね。また，2原子分

表1　主な気体の比熱比

気体	比熱比 γ
ヘリウム He	1.66
水素 H_2	1.41
酸素 O_2	1.40
二酸化炭素 CO_2	1.29

子の水素 (H_2) や酸素 (O_2) の γ も $\gamma \fallingdotseq \dfrac{7}{5}$ でよく一致している。多原子分子の

89

二酸化炭素 (CO_2) の $\gamma = 1.29$ も，理論値 $\gamma = \dfrac{4}{3}$ と近い値になっていることが確認できたんだね。

それでは，準備も整ったので，これから "断熱変化" の解説に入ろう。

● 理想気体の断熱変化を解説しよう！

系に熱の出入りがない状態，つまり断熱状態にして，系を膨張させたり，圧縮させたりする変化のことを "断熱変化" というんだね。これまで，理想気体の定圧過程，定積過程，等温過程について解説してきたけれど，熱力学的な系の状態を変化させる 4 番目の過程として，この理想気体の "断熱変化" を考えることにしよう。まず，初めに，

微分形式の熱力学第 1 法則：$dU = \underset{\boxed{0}}{d'Q} - pdV$ ……($*m$)$'$ (P77) について，

断熱変化では，系に対する熱の出入りがまったくないので，当然 $d'Q = 0$ となる。よって，これを ($*m$)$'$ に代入すると，

$dU + pdV = 0$ ……① となるんだね。

ここで，理想気体の内部エネルギー U の微分表示は，

$dU = nC_V dT$ ……($*o$)$''$ であり，

理想気体の状態方程式：$pV = nRT$ より，

$p = \dfrac{nRT}{V}$ …………② となる。

($*o$)$'$と②を①に代入すると，

$nC_V dT + \dfrac{nRT}{V}dV = 0$　　両辺を nT で割って，

$C_V \dfrac{dT}{T} + R \underset{\boxed{C_p - C_V}}{\dfrac{dV}{V}} = 0$

ここで，マイヤーの関係式：$C_p = C_V + R$ ……($*r$) より，$R = C_p - C_V$ を上式に代入して，

● 熱平衡と熱力学第1法則

$$C_V \frac{dT}{T} + (C_p - C_V)\frac{dV}{V} = 0 \qquad \text{さらに，この式の両辺を } C_V \text{ で割って，}$$

$$\frac{dT}{T} + \underbrace{\left(\frac{C_p}{C_V} - 1\right)}_{\gamma \,(\text{比熱比})}\frac{dV}{V} = 0 \qquad \frac{dT}{T} + \underbrace{(\gamma - 1)}_{\text{定数}}\frac{dV}{V} = 0 \quad \text{となる。よって，}$$

$$\frac{1}{T}dT = -(\gamma - 1)\frac{1}{V}dV \quad \longleftarrow \boxed{(T\text{の式})dT = (V\text{の式})dV \text{ となって，変数分離形}\\ \text{の微分方程式 (P20) になっている。}}$$

この両辺を不定積分すると，

$$\underbrace{\int \frac{1}{T}dT}_{\log T} = -(\gamma - 1)\underbrace{\int \frac{1}{V}dV}_{\log V} \quad \text{より，} \qquad \boxed{\text{公式：} \int \frac{1}{x}dx = \log x + C \quad (x > 0)}$$

$$\log T = -(\gamma - 1)\log V + \underline{C} \qquad (C : \text{積分定数})$$

$$\boxed{\text{積分定数はいずれか一方にまとめて示せばいい。}}$$

$$\log T + \underbrace{(\gamma - 1)\log V}_{\log V^{\gamma-1}} = C \qquad \underbrace{\log T V^{\gamma-1}}_{\text{定数}} = C \,(\text{定数}) \quad \longleftarrow \boxed{\text{の公式：}\\ \cdot \log x^p = p\log x \\ \cdot \log x + \log y = \log xy}$$

$$\therefore \quad TV^{\gamma-1} = (\text{一定}) \quad \cdots\cdots(*t) \quad \text{が導かれる。}$$

ここで，理想気体の状態方程式から，$T = \dfrac{pV}{nR} \quad \cdots\cdots ③'$

$③'$ を $(*t)$ に代入して，

$$\frac{pV}{\boxed{nR}} \cdot V^{\gamma-1} = (\text{定数})$$
$$\underset{\text{定数}}{}$$

$$\therefore \quad pV^{\gamma} = (\text{一定}) \quad \cdots\cdots(*t)' \quad \text{も導ける。}$$

この $(*t)$ と $(*t)'$ を "**ポアソンの関係式**" といい，断熱変化の状態量 (p, V, T) の関係を表す重要な方程式なんだね。

　ここで，温度 T が一定の等温変化の場合，ボイルの法則：$pV = (\text{一定})\cdots(*b)$ が成り立つんだね。この等温変化の式 $(*b)$ と断熱変化の式 $(*t)'$ は似ているけれど，これを pV 図として描いたときの違いについても示しておこう。

91

図1に示すように，pV図上では，等温変化も断熱変化も共に下に凸の単調減少関数なんだけれど，その勾配(傾き)$\dfrac{dp}{dV}$の絶対値は，断熱変化の方が等温変化よりも常に大きい。つまり，断熱変化の曲線の方が等温変化の曲線よりも常に急勾配になっているということなんだね。それは，比熱比 $\gamma\left(=\dfrac{C_p}{C_V}\right)$ が1より大きいことによるんだね。このことから，図2に示すように，次のことが言える。

図1 断熱変化と等温変化

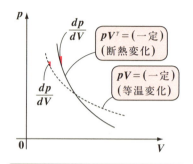

pV図上の曲線で描けるということは，2つとも準静的な変化なんだね。

図2 断熱膨張と断熱圧縮

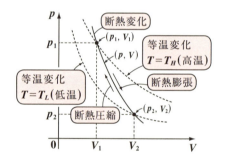

(ⅰ) 理想気体が $V_1 \to V_2$ に断熱膨張するとき，温度 T は $T_H \to T_L$ へと降下する。これに対して，

(ⅱ) 理想気体が $V_2 \to V_1$ に断熱圧縮されるとき，温度 T は $T_L \to T_H$ へと上昇する。

これも頭に入れておこう。

また，図2の断熱変化の曲線は，ポアソンの関係式：$pV^\gamma =$（一定）をみたすので，この曲線上の2点 (p_1, V_1) と (p_2, V_2)，およびこの曲線上の任意の点 (p, V) について，当然次式
$p_1 V_1^\gamma = p_2 V_2^\gamma = pV^\gamma$ が成り立つことも分かるね。
さらに，図2の点 (p_1, V_1) から点 (p_2, V_2) への断熱変化について，これを，

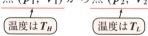

温度は T_H 　　　温度は T_L

熱力学第1法則：

$\underbrace{Q}_{0} = \Delta U + W$ ……(*1) (P75) から考えてみよう。

断熱変化なので，系への熱の流出・流入は当然存在しないので，$Q = 0$ だね。これを (*1) に代入すると，この断熱変化 (断熱膨張) によって，系が外部にする仕事 W は，

$W = -\underbrace{\Delta U}_{nC_V \Delta T \,(\text{この系は理想気体とする。})}$ ……① となる。

ここで，この系を n(mol) の理想気体とすると，$\Delta U = nC_V \Delta T$ より，①は，

$W = -nC_V \Delta T = -nC_V(T_L - T_H) = nC_V(T_H - T_L)$ ……② として，

求めることができるんだね。

それでは，断熱変化について，次の例題を解いて練習しておこう。

例題 14　$n = 200$(mol) の多原子分子の理想気体の圧力と体積がそれぞれ $p_1 = 8 \times 10^5$(Pa)，$V_1 = 1$(m³) であった。この気体が断熱膨張により，その圧力が $p_2 = 2 \times 10^5$(Pa) となった。このときの体積 V_2(m³) を求めよう。また，この断熱変化 (膨張) により，この気体が外部に対してなした仕事 W を求めよう。

多原子分子の理想気体なので，その定積モル比熱 C_V，定圧モル比熱 C_P，比熱比 γ は，

$C_V = 3R$，$C_P = 4R$，$\gamma = \dfrac{C_P}{C_V} = \dfrac{4}{3}$

(気体定数 $R = 8.31$ (J/mol K))

となる。

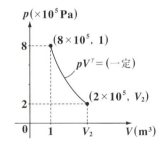

$(p_1, V_1) = (8 \times 10^5 \text{(Pa)}, 1 \text{(m}^3\text{)}) \to (p_2, V_2) = (2 \times 10^5 \text{(Pa)}, V_2 \text{(m}^3\text{)})$ への変化は断熱変化 (断熱膨張) なので，ポアソンの関係式より，

$8 \times 10^5 \times 1^{\frac{4}{3}} = 2 \times 10^5 \times V_2^{\frac{4}{3}}$ ← $p_1 V_1^\gamma = p_2 V_2^\gamma$

$V_2^{\frac{4}{3}} = 4$　　∴ $V_2 = \underbrace{4^{\frac{3}{4}}}_{(2^2)^{\frac{3}{4}} = 2^{2 \times \frac{3}{4}}} = 2^{\frac{3}{2}} = 2\sqrt{2}$ (m³) となるんだね。

断熱変化の場合，系に流入・流出する熱量 $Q=0$ より，熱力学第1法則より，

$$\underbrace{0}_{Q}=\underbrace{\Delta U}_{nC_V\Delta T}+W \quad \text{となる。}$$

$(p_1, V_1)=(8\times 10^5,\ 1)$
$(p_2, V_2)=(2\times 10^5,\ 2\sqrt{2})$
$C_V=3R,\ \gamma=\dfrac{4}{3}$

よって，$n=200(\text{mol})$ のこの多原子分子理想気体が，この断熱変化により外部になす仕事 W は，

$$W=-\underbrace{n}_{200}\cdot\underbrace{C_V}_{3R}\cdot\Delta T=-600R\cdot\Delta T \quad\cdots\cdots\text{①} \quad \text{となるんだね。}$$

ここで，理想気体の状態方程式：$pV=nRT$ を用いて，(p_1, V_1) と (p_2, V_2) のときのそれぞれの温度 T_1 と T_2 を求めると，

$$\underbrace{8\times 10^5}_{p_1}\times\underbrace{1}_{V_1}=\underbrace{200}_{n}\times R\times T_1 \quad \therefore T_1=\dfrac{8\times 10^5}{200R}(\text{K}) \quad\cdots\cdots\text{②} \quad \text{となり，}$$

$$\underbrace{2\times 10^5}_{p_2}\times\underbrace{2\sqrt{2}}_{V_2}=\underbrace{200}_{n}\times R\times T_2 \quad \therefore T_2=\dfrac{4\sqrt{2}\times 10^5}{200R}(\text{K}) \quad\cdots\cdots\text{③} \quad \text{となる。}$$

③－②より温度の変化分（減少分）ΔT は，

$$\Delta T=T_2-T_1=\dfrac{10^5}{200R}(4\sqrt{2}-8) \quad\cdots\cdots\text{④} \quad \text{となる。}$$

④を①に代入して，この系が外部になした仕事 W を求めると，

$$W=-600\cancel{R}\cdot\dfrac{10^5}{200\cancel{R}}(4\sqrt{2}-8)=12\times 10^5\times(2-\sqrt{2})$$

$$=702943.72\cdots\fallingdotseq 7.03\times 10^5(\text{J}) \quad \text{となって，答えだ！}$$

別解

仕事 W の微分表示 $dW=pdV$ より，直接積分計算により，仕事 W を求めてもいい。W は，右図の網目部の面積と等しいんだね。よって，

$$W=\int_1^{2\sqrt{2}}pdV \quad\cdots\cdots\text{⑤} \quad \text{となる。}$$

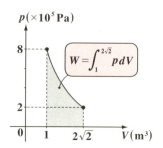

● 熱平衡と熱力学第1法則

ここで，ポアソンの関係式より，

$$8 \times 10^5 \times 1^\gamma = p \cdot V^\gamma \quad \leftarrow \boxed{p_1 \cdot V_1^\gamma = p \cdot V^\gamma}$$

$$\therefore p = \frac{8 \times 10^5}{V^\gamma} = 8 \times 10^5 \times V^{-\gamma} = 8 \times 10^5 \times V^{-\frac{4}{3}} \cdots\cdots ⑥ \quad となる。$$

⑥を⑤に代入して，

$$W = \int_1^{2\sqrt{2}} 8 \times 10^5 \times V^{-\frac{4}{3}} dV$$

$$= 8 \times 10^5 \int_1^{2\sqrt{2}} V^{-\frac{4}{3}} dV \qquad \boxed{\begin{array}{l} 積分公式： \\ \displaystyle\int x^\alpha dx = \frac{1}{\alpha+1} x^{\alpha+1} + C \end{array}}$$

$$= 8 \times 10^5 \times \frac{1}{-\dfrac{1}{③}} \left[V^{-\frac{1}{3}} \right]_1^{2\sqrt{2}}$$

$$= -3 \times 8 \times 10^5 \cdot \left\{ \underbrace{(2\sqrt{2})^{-\frac{1}{3}}}_{\boxed{\{(\sqrt{2})^3\}^{-\frac{1}{3}} = (\sqrt{2})^{-1} = \frac{1}{\sqrt{2}}}} - \underbrace{1^{-\frac{1}{3}}}_{①} \right\}$$

$$= 24 \times 10^5 \left(1 - \frac{1}{\sqrt{2}} \right) = 12 \times 10^5 \times (2 - \sqrt{2})$$

$$= 702943.72\cdots ≒ 7.03 \times 10^5 (\mathrm{J}) \quad となって，$$

同じ結果を導くことができるんだね。

正しい方法であるならば，やり方が違っても同じ結果が導けるのが，数学や物理の面白いところなんだね。楽しめたでしょう？

　では，演習問題でさらに練習しよう。

95

演習問題 6　● 循環過程 (Ⅱ) ●

5(mol)の理想気体の作業物質が、右図のような3つの状態 A, B, C を A→B→C→A の順に1周する循環過程がある。

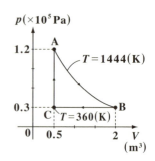

(ⅰ) A→B：$T = 1444(\mathrm{K})$ の等温過程
(ⅱ) B→C：$p = 0.3 \times 10^5(\mathrm{Pa})$ の定圧過程
(ⅲ) C→A：$V = 0.5(\mathrm{m}^3)$ の定積過程で
ある。また、C における温度 T は $T = 360(\mathrm{K})$ である。この (ⅰ), (ⅱ), (ⅲ) の3つの過程で、作業物質に流入または流出する熱量を順に Q_{AB}, Q_{BC}, Q_{CA} とおくとき、この1サイクルで作業物質に流入する熱量 Q を $Q = Q_{AB} + Q_{BC} + Q_{CA}$ により求めよ。(ただし、小数第1位を四捨五入して求めよ。)

> ヒント！　この循環過程は、演習問題5(P80)のものとまったく同じものだ。今回は仕事ではなく、熱量 Q を求める問題なので、熱力学第1法則の微分表示 $d'Q = nC_V dT + pdV$ を用いて Q_{AB}, Q_{BC}, Q_{CA} を計算し、この総和から Q を求めればいいんだね。

解答＆解説

循環過程 A→B→C→A の1サイクルで、この $n = 5(\mathrm{mol})$ の作業物質 (理想気体) に流入する熱量 Q を (ⅰ) A→B での Q_{AB}、(ⅱ) B→C での Q_{BC}、(ⅲ) C→A での Q_{CA} に分けて求め、この総和として計算する。

熱力学第1法則の微分表示：$d'Q = dU + d'W = nC_V dT + pdV$ ……①
（理想気体より → $nC_V dT$、pdV、定積モル比熱）
を用いて求める。

(ⅰ) $T = 1444(\mathrm{K})$ の等温過程：A→B で、

系 (作業物質) に流入する熱量 Q_{AB} は、$T = $ (一定) より $dT = 0$ だから、

$d'Q = nC_V \underbrace{dT}_{0} + pdV = pdV$ を用いて、

$$Q_{AB} = \int_{0.5}^{2} pdV = 5 \times 8.31 \times 1444 \int_{0.5}^{2} \frac{1}{V}dV$$

$\underbrace{\frac{nRT}{V} = \frac{5 \times 8.31 \times 1444}{V}}$ ← $pV = nRT$

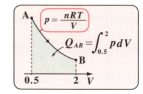

∴ $Q_{AB} = 59998.2 [\log V]_{0.5}^{2} = 59998.2 \times \log 4$ ……② となる。 これは⊕なので流入

$\log 2 - \log 0.5 = \log \frac{2}{0.5} = \log 4$

対数計算の公式：
$\log x - \log y = \log \frac{x}{y}$

(ⅱ) $p = 0.3 \times 10^5 \text{(Pa)}$ の定圧過程：$B \to C$ で，

系から流出する熱量 Q_{BC} は，$d'Q = nC_V dT + \underline{0.3 \times 10^5 dV}$ より，

p（一定）

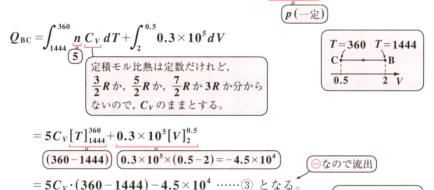

$Q_{BC} = \int_{1444}^{360} \underline{nC_V} dT + \int_{2}^{0.5} 0.3 \times 10^5 dV$

⑤

定積モル比熱は定数だけれど，$\frac{3}{2}R$ か，$\frac{5}{2}R$ か，$\frac{7}{2}R$ か $3R$ か分からないので，C_V のままとする。

$= 5C_V [T]_{1444}^{360} + 0.3 \times 10^5 [V]_{2}^{0.5}$

$\underbrace{(360-1444)}$ $\underbrace{0.3 \times 10^5 \times (0.5-2) = -4.5 \times 10^4}$

⊖なので流出

$= 5C_V \cdot (360-1444) - 4.5 \times 10^4$ ……③ となる。

(ⅲ) $V = 0.5 \text{(m}^3\text{)}$ の定積過程：$C \to A$ で，系から流入

する熱量 Q_{CA} は，$V = $（一定）より $dV = 0$ だから，

$d'Q = nC_V dT + p\underbrace{dV}_{0} = nC_V dT$ を用いて，

⊕なので流入

$Q_{CA} = \int_{360}^{1444} \underline{5C_V} dT = 5C_V (1444-360)$ ……④ となる。

定数

以上（ⅰ）（ⅱ）（ⅲ）の②，③，④の総和から，この循環過程1サイクルで系（作業物質）に流入する熱量 Q は，

$Q = Q_{AB} + Q_{BC} + Q_{CA} = 59998.2 \times \log 4 + 5C_V \cdot (360-1444) - 4.5 \times 10^4 + 5C_V (1444-360)$

$= 59998.2 \cdot \log 4 - 4.5 \times 10^4 = 38175.16 \cdots ≒ 38175 \text{(J)}$ である。

参考

$A \to B \to C \to A$ の1サイクルで，A の温度は変化しないので，$Q = \underbrace{\Delta U}_{0} + W = W$ より，

演習問題 5 で求めた W の値と，今回求めた Q の値は当然等しくなるんだね。

| 演習問題 7 | ● 循環過程（Ⅲ）● |

200(mol)の多原子分子の理想気体の作業物質が右図のような3つの状態 A，B，C を A→B→C→A の順に1周する循環過程がある。

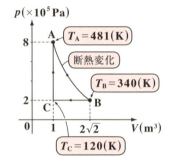

(ⅰ) A→B：断熱変化
(ⅱ) B→C：$p = 2 \times 10^5 (Pa)$ の定圧過程
(ⅲ) C→A：$V = 1(m^3)$ の定積過程である。また，A，B，C 点における温度は順に $T_A = 481(K)$，$T_B = 340(K)$，$T_C = 120(K)$ である。この(ⅰ)，(ⅱ)，(ⅲ) の3つの過程で，作業物質に流入または流出する熱量を順に Q_{AB}，Q_{BC}，Q_{CA} とおくとき，この1サイクルで作業物質に流入する熱量 Q を，$Q = Q_{AB} + Q_{BC} + Q_{CA}$ により求めよ。(ただし，有効数字3桁で求めよ。)

ヒント！ A→B の断熱変化は，例題14(P93)で解説したものと同じなんだね。熱力学第1法則の微分表示 $d'Q = nC_V dT + pdV$ を用いて Q_{AB}，Q_{BC}，Q_{CA} を求め，これらの総和から Q を求めよう。もちろん，$Q_{AB} = 0$ であることはすぐに分かるね。

解答＆解説

循環過程 A→B→C→A の1サイクルで，この $n = 200(mol)$ の作業物質（多原子分子の理想気体）に流入する熱量 Q を，(ⅰ) A→B での Q_{AB}，(ⅱ) B→C での Q_{BC}，(ⅲ) C→A での Q_{CA} に分けて求め，この総和として計算する。

熱力学第1法則の微分表示：$d'Q = dU + d'W = 600RdT + pdV$ ……①

（$nC_V dT = 200 \times 3R \cdot dT$，$pdV$；$n$，$C_V$，多原子分子）

を用いて求める。

(ⅰ) 断熱変化：A→B では，
熱の流入・流出は存在しないので，$d'Q = 0$
∴ $Q_{AB} = 0(J)$ ……② である。

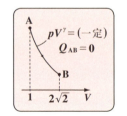

●熱平衡と熱力学第 1 法則

(ⅱ) $p = 2 \times 10^5 (\mathrm{Pa})$ の定圧過程：$\mathbf{B} \rightarrow \mathbf{C}$ で，

系 (作業物質) から流出する熱量 Q_{BC} は，$d'Q = \underbrace{600RdT}_{nC_V} + \underbrace{2 \times 10^5 dV}_{p (一定)}$ より，

$$Q_{\mathrm{BC}} = \underbrace{\int_{T_B}^{T_C} 600RdT}_{600R[T]_{T_B}^{T_C}} + \underbrace{\int_{2\sqrt{2}}^{1} 2 \times 10^5 dV}_{2 \times 10^5 [V]_{2\sqrt{2}}^{1}}$$

これは $\ominus$ より，流出

$$= 600R(120 - 340) + 2 \times 10^5 (1 - 2\sqrt{2}) \cdots\cdots ③ \text{ である。}$$

(ⅲ) $V = 1 (\mathrm{m}^3)$ の定積過程：$\mathbf{C} \rightarrow \mathbf{A}$ で，

系に流入する熱量 Q_{CA} は，$V = 1 (\mathrm{m}^3) = (一定)$ より，$dV = 0$ よって，

$d'Q = 600RdT + \underbrace{pdV}_{0} = 600R \cdot dT$ を用いて，

$$Q_{\mathrm{CA}} = \int_{T_C}^{T_A} 600RdT = 600R \cdot [T]_{T_C}^{T_A} = 600R[T]_{120}^{481}$$

$\oplus$ より，これは流入

$$= 600R(481 - 120) \cdots\cdots\cdots\cdots\cdots\cdots\cdots ④ \text{ である。}$$

以上 (ⅰ)(ⅱ)(ⅲ) の②，③，④ の総和から，この循環過程 1 サイクルで系 (作業物質) に流入する熱量 Q は，

$$Q = \underline{Q_{\mathrm{AB}}} + \underline{Q_{\mathrm{BC}}} + \underline{Q_{\mathrm{CA}}} = \underline{0} + 600R(120 - 340) + 2 \times 10^5 (1 - 2\sqrt{2}) + 600R(481 - 120)$$

$$= \underbrace{600R}_{8.31} \underbrace{(481 - 340)}_{141} - 2 \times 10^5 (2\sqrt{2} - 1)$$

$$= 337340.57 \cdots = 3.37 \times 10^5 (\mathrm{J}) \text{ である。} \cdots\cdots\cdots\cdots\cdots\cdots (答)$$

参考

$\mathbf{A} \rightarrow \mathbf{B} \rightarrow \mathbf{C} \rightarrow \mathbf{A}$ の 1 サイクルで，$\mathbf{A}$ の温度は変化しないので，$\Delta T = 0$ となる。よって，$\Delta U = n \cdot C_V \cdot \Delta T = 0$ となる。ここで，熱力学第 1 法則：$\underbrace{\Delta U}_{0} = Q - W$ に $\Delta U = 0$ を代入すると，$W = Q$ となる。これから，ここで求めたこの循環過程 1 サイクルで作業物質が外部になす仕事 W は Q と一致する。よって，今回の循環過程 1 サイクルで，この作業物質が外部になす仕事 W も，$W = 3.37 \times 10^5 (\mathrm{J})$ となるんだね。大丈夫？

99

講義 3 ●熱平衡と熱力学第 1 法則　公式エッセンス

1. 熱力学第 0 法則
「系 A と系 B が熱平衡状態にあり，同じ状態の系 A と系 C もまた熱平衡状態にあるならば，系 B と系 C も熱平衡状態であり，系 B と系 C の温度は等しい」

2. 温度 $T(\mathrm{K})$，モル数 n の理想気体の内部エネルギー U
（ⅰ）単原子分子理想気体：$U = \dfrac{3}{2}nRT$

（ⅱ）2 原子分子理想気体　：$U = \dfrac{5}{2}nRT$（常温），$U = \dfrac{7}{2}nRT$（高温）

（ⅲ）多原子分子理想気体：$U = 3nRT$

3. 熱力学第 1 法則
シリンダーとピストンで出来た容器内の気体を熱力学的な系とみたとき，これに $Q(\mathrm{J})$ の熱量が加えられると気体の温度が ΔT だけ増加し，また，この 気体の体積が ΔV だけ増加したとすれば，内部エネルギー U の増分を $\Delta U(\mathrm{J})$，気体が外部にした仕事を $W(\mathrm{J})$ とおくと，$Q = \Delta U + W = \Delta U + p\Delta V$ となる。また，この微分形式は，$dU = d'Q - pdV$ である。

4. 定積モル比熱 C_V と定圧モル比熱 C_p
（ⅰ）定積モル比熱 $C_V = \left(\dfrac{\partial u}{\partial T}\right)_v$ $\longrightarrow$ $\boxed{dU = nC_V dT}$

（ⅱ）定圧モル比熱 $C_p = \left(\dfrac{\partial h}{\partial T}\right)_p$ $\longrightarrow$ $\boxed{dH = nC_p dT}$

5. 理想気体におけるマイヤーの関係式
$$C_p = C_V + R$$

6. 理想気体の断熱変化におけるポアソンの関係式
$$TV^{\gamma-1} = （定数），\quad pV^{\gamma} = （定数） \quad \left(ただし，比熱比 \gamma = \dfrac{C_p}{C_V}\right)$$

熱力学第2法則

―― テーマ ――

▶ カルノー・サイクル
（仕事 $W = Q_2 - Q_1$, 熱効率 $\eta = 1 - \dfrac{Q_1}{Q_2}$）

▶ 熱力学第2法則
（クラウジウスの原理, トムソンの原理）

§1. カルノー・サイクル

前回までの講義で"**熱力学第0法則**"と"**熱力学第1法則**"の解説を行ったので、いよいよ今回から"**熱力学第2法則**"の解説に入ろう。

熱力学第1法則: $\Delta U = Q - W$ とは、熱力学的なエネルギーの保存則のことなんだけれど、ここでは、仕事 W と熱エネルギー(熱量) Q とを同等のエネルギーとして扱ったんだね。

しかし、実際に運動している物体について、「摩擦により、仕事(マクロな運動エネルギー)が熱に変わることはあっても、その逆は決して起こり得ない」ことをボク達は知っている。つまり、明らかに熱量 Q と仕事 W との間には、大きな質の違いが存在することが分かると思う。実は、この熱と仕事の質の違いについての法則として、これから学習する"**熱力学第2法則**"があるんだね。

でもここではまず、この"**熱力学第2法則**"を学んでいく上で重要な役割を演じる"**カルノー・サイクル**"について詳しく教えるつもりだ。

● **カルノー・サイクルを詳しく学ぼう！**

"**カルノー**"が考案した"**カルノー・サイクル**"(または、"**カルノー・エンジン**"という)について、これから解説しよう。カルノー・サイクルとは、2つの断熱変化から構成される循環過程の一種なんだね。

このカルノー・サイクルの pV 図:
$A \to B \to C \to D \to A$ を図1に示す。
4つの過程は、
(i) 温度 $T = T_2$ (高温) での等温
　　過程: $A \to B$
(ii) 断熱過程: $B(T_2) \to C(T_1)$
(iii) 温度 $T = T_1$ (低温) での等温
　　過程: $C \to D$
(iv) 断熱過程: $D(T_1) \to A(T_2)$
になっていることが分かるだろう。

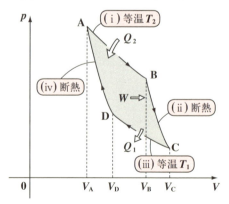

図1 カルノー・サイクルの pV 図

pV図が表されているということは，カルノー・サイクルもゆっくりジワジワの準静的過程，つまり可逆過程であることに気を付けよう。それでは，この4つの過程(変化)を図2により，もっと詳しく見ていこう。

(ⅰ) 等温膨張 A→B

作業物質を温度T_2の高温の熱源(高熱源)に接触させて，等温的にゆっくりと膨張させる。このとき，作業物質は高熱源から熱量Q_2を吸収することになる。

(ⅱ) 準静的断熱膨張 B→C

作業物質を高温源から離し，断熱的に膨張させて，作業物質の圧力を下げる。このとき，断熱変化なので，当然作業物質に熱の出入りはない。

(ⅲ) 等温圧縮 C→D

作業物質を温度T_1の低温の熱源(低熱源)に接触させて，等温的にゆっくりと圧縮する。このとき，作業物質は低熱源に熱量Q_1を放出することになる。

(ⅳ) 準静的断熱圧縮 D→A

作業物質を低熱源から離し，断熱的に圧縮して，はじめのAの状態に戻す。このとき，断熱変化なので，当然作業物質に熱の出入りはない。

図2 カルノー・サイクルのイメージ

(ⅰ) 等温膨張 A→B

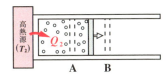

(ⅱ) 準静的断熱膨張 B→C

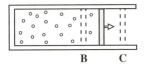

(ⅲ) 等温圧縮 C→D

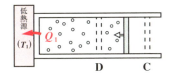

(ⅳ) 準静的断熱圧縮 D→A

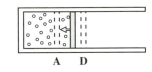

どう？これでカルノー・サイクルの具体的な内容がつかめたでしょう？このように，カルノー・エンジンをA→B→C→D→Aと1周させたとき，この1サイクルの状態の変化を熱力学第1法則：$\Delta U = Q - W$ ……(*1) に当てはめて考えてみよう。

まず，Aの状態の内部エネルギーをU_Aとおくと，1サイクルでAからAに戻るだけなので，この内部エネルギーの変化分ΔUは当然，

$\Delta U = U_A - U_A$　∴ $\Delta U = 0$ ……① となるんだね。これを(*1)に代入して，

103

$0 = Q - W$ より，

$W = Q$ ……② となるんだね。

ここで，この1サイクルで，(ⅰ)等温過程：$A \rightarrow B$ のとき，熱量 Q_2 だけ系(作業物質)に流入し，(ⅲ)等温過程：$C \rightarrow D$ のとき，熱量 Q_1 だけ系から流出する。

今，この Q_1 は ⊕ であると考えよう。

よって，この1サイクルで系に流入する熱量 Q は，

$Q = Q_2 - Q_1$ ……③ となる。

もし，$Q_1 < 0$ とすると，$Q = Q_2 + Q_1$ と表される。今は $Q_1 > 0$ としているので，$-Q_1$ と表した。

よって，③を②に代入して，このカルノー・エンジンが外部になす仕事 W は，

$W = Q_2 - Q_1$ ……(*u) で表されることが分かったんだね。

ここで，このカルノー・サイクルの**熱効率** η を

ギリシャ文字で，"エータ"と読む。

$$\eta = \frac{(\text{外に対してする仕事})}{(\text{吸収する熱量})} = \frac{W}{Q_2} \quad \text{と定義しよう。すると，}$$

これに (*u) を代入して，$\eta = \dfrac{Q_2 - Q_1}{Q_2}$ より，

∴カルノー・サイクルの熱効率 $\boxed{\eta = 1 - \dfrac{Q_1}{Q_2}}$ ……(*v) が導かれるんだね。

それでは，ここで次の例題を解いておこう。

例題 15 カルノー・サイクルに高熱源から流入する熱量 Q_2 と低熱源に流出する熱量 Q_1 がそれぞれ，$Q_2 = 10^5 (J)$，$Q_1 = 3 \times 10^4 (J)$ であるとき，このカルノー・サイクルが1サイクルで外部になす仕事 W と熱効率 η を求めよう。

まず，カルノー・サイクルが1サイクルでなす仕事 W は，(*u) より，

$W = Q_2 - Q_1 = 10^5 - 3 \times 10^4 = (10 - 3) \times 10^4 = 7 \times 10^4 (J)$ となる。

次に，熱効率 η の公式 (*v) を用いると，

$\eta = 1 - \dfrac{Q_1}{Q_2} = 1 - \dfrac{3 \times 10^4}{10^5} = 1 - \dfrac{3}{10} = \dfrac{7}{10} = 0.7 (= 70(\%))$ となるんだね。

104

それでは，このカルノー・サイクルを $\underline{C}$ とおいて，これをさらに単純化して
（カルノー "*Carnot*" の頭文字 C をとった！）
表してみることにしよう。

図3に，単純化したカルノー・サイクル C のイメージを示そう。これから，カルノー・サイクルとは，高温度 T_2 の高熱源から熱量 Q_2 を吸収し，その1部を仕事 $W(=Q_2-Q_1)$ として取り出し，残りの熱量 Q_1 を低温度 T_1 の低熱源に放出する熱機関ということができるんだね。

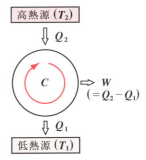

図3 単純化したカルノー・サイクル

このように，カルノー・サイクルが，エンジンとして仕事 W を取り出すには，高熱源と低熱源の **2つの熱源**が必要なんだね。そして，高熱源から流入した熱エネルギー Q_2 の1部を仕事 W として取り出し，残りの熱エネルギー Q_1 を低熱源に排出することになる。

これは，高所から低所に水を流すことにより水車を回す原理や高電位から低電位に電流を流すことにより，何か機械を駆動させる原理と似ている。

ここで，カルノー・サイクルの**4つの過程**はすべて，ゆっくりジワジワの準静的過程なので，可逆過程であることは話したね。よって，カルノー・サイクルは逆回転させることも可能なんだね。ここで，(i) **A→B→C→D→A** の順回転のカルノー・サイクルを C と表したのと同様に，図4に示すように，(ii) **A→D→C→B→A** の逆回転のカルノー・サイクルを $\overline{C}$ と表すことにしよう。そして，この逆回転のカルノー・サイクル $\overline{C}$ のことを，これから "**逆カルノー・サイクル**"
（これを略して "逆カル" と呼ぶこともある。）
と呼ぶことにしよう。

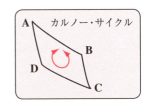

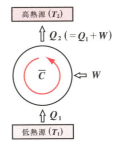

図4 逆カルノー・サイクル

この逆カルノー・サイクルは，元の順回転のカルノー・サイクルに対して真逆の働きをする。つまり，低温度 T_1 の低熱源から熱量 Q_1 を取り出し，外部から W の仕事をされて，$Q_2(=Q_1+W)$ を，高温度 T_2 の高熱源に放出するんだね。

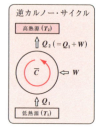

これって，実は，夏の暑い日に室内の温度を下げて快適にしてくれるクーラー(または，エアコン)の原理そのものになっているんだね。低熱源を冷却したい部屋だと考えて，この"逆カル"の原理に

これは，略した表現なので，もちろん試験では，"逆カルノー・サイクル"と書かないといけない。

従って，これから Q_1 の熱量を取り去って，暑い外部(高熱源)に $Q_2(=Q_1+W)$ の熱量を排出することになるんだね。したがって，都心の多くの家庭や会社がこれを行うと，W の分だけ多くの熱が一斉に外部に排出されるため，都会ではヒート・アイランド現象が生じて，問題になったりするんだね。

このクーラーについては，ボクが中学生だった頃の思い出がある。夏の暑い日，クーラーの効いた部屋でテレビを見ていたボクに「アレ？」と疑問が湧いて来た。その疑問とは「何で部屋の温度を高い状態，つまりエネルギーの高い状態から，温度を下げて，エネルギーの低い状態にするのに，電力(電気エネルギー)が必要なのだろうか？高エネルギー状態から低エネルギー状態にするのだから逆に電気を発電できるのではないか？」ってことだった。早速，このことを理科の先生に質問したら，先生曰く，「馬場君，残念だけれど，今の中学の理科のレベルでは説明できないよ。でも，本当に知りたいんだったら，…」ということで，簡単に"カルノー・サイクル"と"逆カル"の話やエントロピーの話をして下さったのを覚えている。これが，ぼくが熱力学に出会った最初の経験だったと思う。

当時のボクの考えが浅かったのは「部屋(低熱源)の外部に大気という高熱源があり，何もしないで，低温の部屋から高温の外部に熱を移動させることはできない」ということに気付かなかったことなんだね。低熱源から高熱源に熱を移動させるには，逆カルを使って外部から仕事 W をされることによって初めて可能になるということなんだね。そして，このことは，この後で詳しく解説する"熱力学第2法則"と密接に関係しているので，頭に入れておこう。

● 熱力学第2法則

● 理想気体のカルノー・サイクルを詳しく調べよう！

一般のカルノー・サイクルの公式は，$(*u)$ と $(*v)$ だったんだね。これらはどんな作業物質であっても成り立つ公式なんだね。ここではさらに，この作業物質が，$n(\mathrm{mol})$ の理想気体である場合について詳しく解説しよう。理想気体の場合に主に使われる公式は，右に示すように，$(*e)$，$(*o)'$，$(*t)'$ などだね。もう一度頭の中を整理しておくといいよ。

カルノー・サイクルの公式
・$W = Q_2 - Q_1$ …………$(*u)$
・$\eta = 1 - \dfrac{Q_1}{Q_2}$ …………$(*v)$

理想気体の公式
・$pV = nRT$ …………$(*e)$
・$dU = nC_V dT$ …………$(*o)'$
 ($\Delta U = nC_V \Delta T$ …………$(*o)''$)
・断熱変化
 $pV^\gamma = (一定)$ ………$(*t)'$
 ($TV^{\gamma-1} = (一定)$ ……$(*t)$)

では，作業物質が理想気体である場合のカルノー・サイクルの公式について，ここで下に示しておこう。

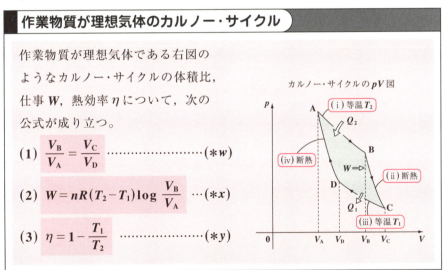

作業物質が理想気体のカルノー・サイクル

作業物質が理想気体である右図のようなカルノー・サイクルの体積比，仕事 W，熱効率 η について，次の公式が成り立つ。

(1) $\dfrac{V_B}{V_A} = \dfrac{V_C}{V_D}$ …………………$(*w)$

(2) $W = nR(T_2 - T_1) \log \dfrac{V_B}{V_A}$ …$(*x)$

(3) $\eta = 1 - \dfrac{T_1}{T_2}$ …………………$(*y)$

カルノー・サイクルの pV 図
(i) 等温 T_2
(ii) 断熱
(iii) 等温 T_1
(iv) 断熱

ン？3つの公式 $(*w)$，$(*x)$，$(*y)$ の中に圧力 p が入っていないって？確かに，そうだね。もちろん，各点 A，B，C，D における圧力 p_A，p_B，p_C，p_D を用いて，$pV = nRT$ ……$(*e)$ の公式を使えば，$(*w)$ や $(*x)$ を書き換えることもできるんだけれど，作業物質が理想気体であるときのカルノー・サイクルの公式は，一般に体積 V と温度 T のみで表されると覚えておいていいよ。

(1) $\dfrac{V_B}{V_A} = \dfrac{V_C}{V_D}$ ……($*w$) を証明しよう。

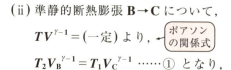

(ii) 準静的断熱膨張 **B→C** について，
$TV^{\gamma-1} = $（一定）より，← ポアソンの関係式
$T_2 V_B^{\gamma-1} = T_1 V_C^{\gamma-1}$ ……① となり，

(iv) 準静的断熱圧縮 **D→A** について，
も同様に，ポアソンの関係式より，
$T_2 V_A^{\gamma-1} = T_1 V_D^{\gamma-1}$ ……② となる。

よって，①÷②より，

$$\dfrac{\cancel{T_2} V_B^{\gamma-1}}{\cancel{T_2} V_A^{\gamma-1}} = \dfrac{\cancel{T_1} V_C^{\gamma-1}}{\cancel{T_1} V_D^{\gamma-1}} \qquad \left(\dfrac{V_B}{V_A}\right)^{\gamma-1} = \left(\dfrac{V_C}{V_D}\right)^{\gamma-1}$$

∴ $\dfrac{V_B}{V_A} = \dfrac{V_C}{V_D}$ ……($*w$) が成り立つ。

(**ex**) カルノー・サイクルにおいて，$V_A = 10^{-3} (\mathrm{m}^3)$, $V_B = 2 \times 10^{-3} (\mathrm{m}^3)$,
$V_C = 3 \times 10^{-3} (\mathrm{m}^3)$ のとき，V_D を求めよう。
($*w$) より，

$$\dfrac{2 \times \cancel{10^{-3}}}{\cancel{10^{-3}}} = \dfrac{3 \times 10^{-3}}{V_D} \qquad ∴ V_D = \dfrac{3}{2} \times 10^{-3} (\mathrm{m}^3) \text{ となる。}$$

(2) $W = nR(T_2 - T_1) \log \dfrac{V_B}{V_A}$ ……($*x$) を証明しよう。

微分形式の熱力学第1法則：
$d'Q = dU + pdV$
$\quad = nC_V \underset{\underset{0}{\Vert}}{dT} + pdV$ を，(i), (iii) の

等温過程に利用して，Q_2 と Q_1 を求め，
カルノー・サイクルの公式：
$W = Q_2 - Q_1$ ……($*u$) に代入して，($*x$)
$\quad\quad\quad \underset{\oplus}{\smile}$

が成り立つことを示せばいいんだね。

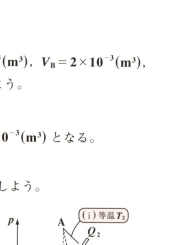

(i), (iii) は等温過程なので，$dT = 0$ より，$d'Q = pdV$ を積分すればいい。

108

● 熱力学第 2 法則

（ⅰ）等温膨張 $A \to B$ のとき，$dT = 0$ より，

$$Q_2 = \int_{V_A}^{V_B} p\,dV = nRT_2 \int_{V_A}^{V_B} \frac{1}{V}\,dV$$

$\underbrace{\frac{nRT_2}{V}}$　$\underbrace{nRT_2}_{定数}$

積分公式：
$$\int \frac{1}{x}\,dx = \log x + C$$
$$(x > 0)$$

$$= nRT_2 \Big[\log V\Big]_{V_A}^{V_B} = nRT_2 (\log V_B - \log V_A)$$

$$\therefore Q_2 = nRT_2 \log \frac{V_B}{V_A} \quad \cdots\cdots ③ \quad となる。$$

（ⅲ）等温圧縮 $C \to D$ のとき，$dT = 0$ より，

$$Q_1 = -\int_{V_C}^{V_D} p\,dV = -nRT_1 \int_{V_C}^{V_D} \frac{1}{V}\,dV$$

Q_1 を⊕として求める
ために⊖を付けた。　$\underbrace{\frac{nRT_1}{V}}$

$$= -nRT_1 \Big[\log V\Big]_{V_C}^{V_D}$$

$$= -nRT_1 (\log V_D - \log V_C) \quad より，$$

$$Q_1 = nRT_1 \log \frac{V_C}{V_D} \qquad ここで，\ \frac{V_C}{V_D} = \frac{V_B}{V_A} \ \cdots\cdots (*w) \ より，\ Q_1 は，$$

$\underbrace{\frac{V_B}{V_A}}$

$$\therefore Q_1 = nRT_1 \log \frac{V_B}{V_A} \quad \cdots\cdots ④ \quad となるんだね。$$

（ⅰ），（ⅲ）の③，④を $W = Q_2 - Q_1$ に代入すると，カルノー・サイクルが 1 サイクルで外部になす仕事 W の公式が，

$$W = Q_2 - Q_1 = nRT_2 \log \frac{V_B}{V_A} - nRT_1 \log \frac{V_B}{V_A} \quad より，$$

$$\therefore \quad W = nR(T_2 - T_1) \log \frac{V_B}{V_A} \quad \cdots\cdots (*x) \quad として，求められるんだね。$$

高熱源と低熱源の温度差 $\Delta T = T_2 - T_1$ と，（ⅰ）の等温過程での体積比（膨張比）$\frac{V_B}{V_A}$ が分かれば，これらを公式 $(*x)$ に代入して仕事 W を計算できる。

109

(*ex*) $n = 10 \text{(mol)}$ の理想気体を作業物質とするカルノー・サイクルにおいて，高温度 $T_2 = 500 \text{(K)}$，低温度 $T_1 = 300 \text{(K)}$，$V_A = 10^{-3} \text{(m}^3\text{)}$，$V_B = e \times 10^{-3} \text{(m}^3\text{)}$ ($e \fallingdotseq 2.72$：ネイピア数) であるとき，この 1 サイクルにより外部になす仕事 W を求めよう。

カルノー・サイクルの仕事 W の公式：

$W = nR(T_2 - T_1) \log \dfrac{V_B}{V_A}$ ……(*x*) に，各値を代入すると，

$W = \underbrace{10}_{n} \times \underbrace{8.31}_{R} \times \underbrace{(500 - 300)}_{T_2 - T_1} \cdot \underbrace{\log \dfrac{e \times 10^{-3}}{10^{-3}}}_{\log e = 1} = 10 \times 8.31 \times 200$

$= 16620 \text{(J)} = 1.662 \times 10^4 \text{(J)}$ となって，答えだね。

(3) $\eta = 1 - \dfrac{T_1}{T_2}$ ……(*y*) を証明しよう。

一般のカルノー・エンジンの熱効率 η は，

$\eta = 1 - \dfrac{Q_1}{Q_2}$ ……(*v*) で求められる。

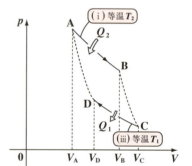

これに，作業物質が理想気体の場合，
(1)，(2) で求められた公式：

$\begin{cases} Q_2 = nRT_2 \log \dfrac{V_B}{V_A} & \text{……③} \\ Q_1 = nRT_1 \log \dfrac{V_B}{V_A} & \text{……④} \end{cases}$ を

代入すれば，次のように (*y*) が導ける。

$\eta = 1 - \dfrac{Q_1}{Q_2} = 1 - \dfrac{\cancel{nR}T_1 \cancel{\log \dfrac{V_B}{V_A}}}{\cancel{nR}T_2 \cancel{\log \dfrac{V_B}{V_A}}}$

$\therefore \eta = 1 - \dfrac{T_1}{T_2}$ ……(*y*) となるんだね。

このように，作業物質が理想気体の場合，カルノー・サイクルの熱効率 η は，

高熱源と低熱源の温度 T_2 と T_1 のみで求めることができるんだね。

ここで，理想気体のカルノー・サイクルは，ゆっくりジワジワ変化していく仮想的なエンジンなんだけれど，理論的には，基準となる温度 T_1 を定め，カルノー・サイクルの熱効率 η を測定すれば，$(*y)$ の公式からそのときの高熱源の温度 T_2 を定めることができる。つまり，カルノー・サイクルは理論的な温度計の役割も持たせることができるんだね。

(ex) 理想気体を作業物質とするカルノー・サイクルの低熱源の温度 $T_1 = 300(K)$ で，熱効率 $\eta = 0.8$ であった。このとき，高熱源の温度 T_2 を求めよう。

カルノー・サイクルの熱効率の公式：

$\eta = 1 - \dfrac{T_1}{T_2}$ ……$(*y)$ に，$\eta = 0.8$，$T_1 = 300(K)$ を代入すると，

$0.8 = 1 - \dfrac{300}{T_2}$ より，$\dfrac{300}{T_2} = 1 - \dfrac{4}{5} = \dfrac{1}{5}$

∴ $T_2 = 5 \times 300 = 1500(K)$ であることが分かるんだね。

● ブレイトン・サイクルにもチャレンジしよう！

カルノー・サイクル以外にも様々な循環過程があるんだけれど，ここでは，図5に示すようなブレイトン・サイクルについて解説しよう。このブレイトン・サイクルも $A \to B \to C \to D \to A$ の4つの過程から構成されている。

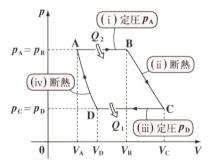

図5 ブレイトン・サイクル

(ⅰ) 圧力 $p = p_A = p_B$(高圧)の定圧過程：$A \to B$
(ⅱ) 断熱過程：$B \to C$
(ⅲ) 圧力 $p = p_C = p_D$(低圧)の定圧過程：$C \to D$
(ⅳ) 断熱過程：$D \to A$

になっているんだね。これらすべての過程は，pV 図として表されているので，ゆっくりジワジワの準静的過程であり，かつ可逆過程と言えるんだね。

(ii) B→C と (iv) D→A は共に準静的断熱変化で，熱の出入りはないので，(i) A→B の定圧過程 ($p=p_A$) で流入する熱量 Q_2 と，(iii) C→D の定圧過程 ($p=p_D$) で流出する熱量 $Q_1(>0)$ を求めると，この 1 サイクルで外部になす仕事 W を $W=Q_2-Q_1$ ……① で求めることができるんだね。

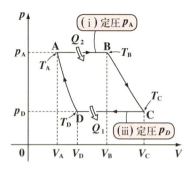

このブレイトン・サイクルの作業物質も理想気体であるものとして，この①の仕事 W を求めてみよう。

(i) 定圧過程：A→B において，流入する熱量 Q_2 を求めよう。

ただし，A, B における (圧力, 体積, 温度) はそれぞれ，$A(p_A, V_A, T_A)$, $B(p_B, V_B, T_B)$ とおく。
　　　　　p_A

微分形式の熱力学第 1 法則：$d'Q = nC_V dT + pdV$ を用いると，
　　　　　　　　　　　　　　　　　　　　dU (理想気体より)

$$Q_2 = \int d'Q = \int_{T_A}^{T_B} nC_V dT + \int_{V_A}^{V_B} p_A dV$$
　　　　　　　　　　　定数　　　　　　定数

$$= nC_V [T]_{T_A}^{T_B} + p_A [V]_{V_A}^{V_B} = nC_V(T_B-T_A) + p_A(V_B-V_A)$$

$$= nC_V(T_B-T_A) + p_A V_B - p_A V_A$$
　　　　　　　　　　$p_B V_B = nRT_B (\because p_A=p_B)$　nRT_A

理想気体の状態方程式
$pV = nRT$ ……(*e)

$$= nC_V(T_B-T_A) + nRT_B - nRT_A$$
　　　　　　　　　　　　$nR(T_B-T_A)$

$\begin{cases} C_V：定積モル比熱 \\ C_P：定圧モル比熱 \end{cases}$
マイヤーの関係式
$C_P = C_V + R$

$$= (nC_V + nR)(T_B - T_A)$$
　　$n(C_V+R)=nC_P$

∴ $Q_2 = nC_P(T_B - T_A)$ ……② となって，

流入熱量 Q_2 が求められるんだね。では次，

●熱力学第2法則

(iii) 定圧過程：$C \to D$ において，流出する熱量 $Q_1 (>0)$ を求めよう。

ただし，C, D における (圧力, 体積, 温度) はそれぞれ，(p_C, V_C, T_C)，(p_D, V_D, T_D) とおく。

微分形式の熱力学第1法則：$d'Q = nC_V dT + p dV$ を用いると，

$$Q_1 = -\int d'Q = -\left(\int_{T_C}^{T_D} \underbrace{nC_V}_{\boxed{定数}} dT + \int_{V_C}^{V_D} \underbrace{p_D}_{\boxed{定数}} dV \right)$$

> Q_1 を正として求める
> ために⊖を付けた。

$$= -nC_V[T]_{T_C}^{T_D} - p_D[V]_{V_C}^{V_D} = -nC_V(T_D - T_C) - p_D(V_D - V_C)$$

$$= nC_V(T_C - T_D) - \underbrace{p_D V_D}_{\boxed{nRT_D}} + \underbrace{p_D V_C}_{\boxed{p_C V_C = nRT_C\,(\because p_C = p_D)}}$$

$$= nC_V(T_C - T_D) + nR(T_C - T_D)$$

$$= n\underbrace{(C_V + R)}_{\substack{\| \\ C_p \;\boxed{マイヤーの関係式}}}(T_C - T_D)$$

$\therefore Q_1 = nC_p(T_C - T_D) \cdots\cdots$ ③ となって，流出する熱量 Q_1 が求められたんだね。

以上 (i)(iii) の②，③ を $W = Q_2 - Q_1 \cdots\cdots$ ① に代入すると，このブレイトン・サイクルが1周することにより，外部になす仕事 W が次のように求められる。

$$W = \underbrace{nC_p(T_B - T_A)}_{\boxed{Q_2(②より)}} - \underbrace{nC_p(T_C - T_D)}_{\boxed{Q_1(③より)}}$$

$\therefore W = nC_p(T_B - T_A - T_C + T_D) = nC_p(T_B + T_D - T_A - T_C) \cdots\cdots$ ④

では次に，ブレイトン・サイクルの熱効率 η も求めておこう。η を求める基の公式は，カルノー・サイクルのときと同じだから，

$$\eta = \frac{W}{Q_2} = \frac{Q_2 - Q_1}{Q_2} = 1 - \frac{Q_1}{Q_2} \cdots\cdots ⑤ \ となる。$$

⑤ に② と③ を代入すると，

$$\eta = 1 - \frac{n C_p(T_C - T_D)}{n C_p(T_B - T_A)} \ より，\ \eta = 1 - \frac{T_C - T_D}{T_B - T_A} \cdots\cdots ⑥ \ が導けるんだね。$$

113

しかし，この熱効率 η は，さらに簡単に

$\eta = 1 - \dfrac{T_D}{T_A}$ ……⑦ $\left(\text{または，} \eta = 1 - \dfrac{T_C}{T_B}\right)$

$\boxed{\eta = 1 - \dfrac{T_C - T_D}{T_B - T_A} \text{……⑥}}$

と表すことができる。これから解説しよう。

今度は，2つの準静的断熱変化 (ⅱ) B→C と (ⅳ) D→A に着目しよう。このブレイトン・サイクルの作業物質は理想気体なので，これらの断熱変化には，ポアソンの関係式：$pV^\gamma = (\text{一定})$ が利用できる。

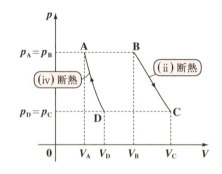

(ⅱ) 断熱過程：B→C より，

　ポアソンの関係式を用いて，

　　$p_B V_B{}^\gamma = p_C V_C{}^\gamma$ ……⑧ 　(γ：比熱比) が成り立つ。同様に，

(ⅳ) 断熱過程：D→A より，

　ポアソンの関係式を用いて，

　　$p_A V_A{}^\gamma = p_D V_D{}^\gamma$ ……⑨ が成り立つ。

ここで，pV 図より，$p_A = p_B$，$p_D = p_C$ に気をつけて，⑧÷⑨を計算すると，

$\dfrac{\cancel{p_B}^{p_A} V_B{}^\gamma}{p_A V_A{}^\gamma} = \dfrac{\cancel{p_C}^{p_D} V_C{}^\gamma}{p_D V_D{}^\gamma}$ より，$\left(\dfrac{V_B}{V_A}\right)^\gamma = \left(\dfrac{V_C}{V_D}\right)^\gamma$

$\therefore \dfrac{V_B}{V_A} = \dfrac{V_C}{V_D}$ ……⑩ が導ける。

> シャルルの法則
> p が一定のとき
> $\dfrac{V}{T} = (\text{一定})$

次に，A と B では圧力が等しい ($p_A = p_B$) ので，シャルルの法則より，

$\dfrac{V_A}{T_A} = \dfrac{V_B}{T_B}$ が成り立つ。　$\therefore \dfrac{V_B}{V_A} = \dfrac{T_B}{T_A}$ ……⑪ となる。

同様に，C と D では圧力が等しい ($p_D = p_C$) ので，シャルルの法則より，

$\dfrac{V_D}{T_D} = \dfrac{V_C}{T_C}$ が成り立つ。　$\therefore \dfrac{V_C}{V_D} = \dfrac{T_C}{T_D}$ ……⑫ となる。

⑪と⑫を⑩に代入すると，

● 熱力学第2法則

$\dfrac{T_B}{T_A} = \dfrac{T_C}{T_D}$ ……⑬ が導けるんだね。

ここで，この⑬ $= k$（正の定数）とおくと，$\dfrac{T_B}{T_A} = \dfrac{T_C}{T_D} = k$（定数）となるので，これから，

$$\begin{cases} \cdot \dfrac{T_B}{T_A} = k \ \text{より,} \ T_B = k T_A \ \text{……⑭} \\[3mm] \cdot \dfrac{T_C}{T_D} = k \ \text{より,} \ T_C = k T_D \ \text{……⑮} \ \text{となる。} \end{cases}$$

よって，⑭と⑮を⑥に代入して，ブレイトン・サイクルの熱効率 η は，

$$\eta = 1 - \dfrac{T_C - T_D}{T_B - T_A} = 1 - \dfrac{k T_D - T_D}{k T_A - T_A} = 1 - \dfrac{(k-1) \cdot T_D}{(k-1) \cdot T_A}$$

以上より，$\eta = 1 - \dfrac{T_D}{T_A}$ ……⑦ も導くことができるんだね。大丈夫だった？

　このように，カルノー・サイクル以外にも，ブレイトン・サイクルのような様々な循環過程が存在するんだけれど，これだけ練習しておけば，どんな循環過程（仮想的なエンジン）が出てきても，自分で調べて解析できる自信がついたでしょう？

　では，もう1題，カルノー・サイクルの演習問題を解いてみることにしよう。

115

演習問題 8 ●カルノー・サイクル●

左の pV 図に示すように，$A \to B \to C \to D \to A$ で 1 周する $n(\text{mol})$ の理想気体を作業物質とするカルノー・サイクルがある。

(ⅰ) $T_2 = 600(\text{K})$ の等温過程：$A \to B$
(ⅱ) 準静的断熱過程：$B \to C$
(ⅲ) $T_1 = 477(\text{K})$ の等温過程：$C \to D$
(ⅳ) 準静的断熱過程：$D \to A$

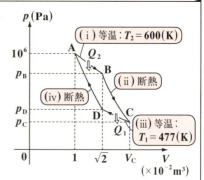

4点 A，B，C，D における圧力，体積，温度を順に (p_A, V_A, T_A)，(p_B, V_B, T_B)，(p_C, V_C, T_C)，(p_D, V_D, T_D) とおくと，$V_A = 1 \times 10^{-2}(\text{m}^3)$，$V_B = V_D = \sqrt{2} \times 10^{-2}(\text{m}^3)$ であり，$T_A = T_B = 600(\text{K})$，$T_C = T_D = 477(\text{K})$，$p_A = 10^6(\text{Pa})$ である。次の問いに答えよ。

(1) 作業物質のモル数 $n(\text{mol})$ を求めよ。ただし，小数第 2 位を四捨五入せよ。

(2) (ⅰ) 体積 V_C と，(ⅱ) この 1 サイクルにより外部になす仕事 W と，(ⅲ) 熱効率 η を求めよ。ただし，W は小数第 1 位を四捨五入せよ。

(3) この理想気体が単原子分子の気体であるとき，小数第 1 位を四捨五入して，
　(ⅰ) $A \to B$ における内部エネルギーの変化分 ΔU_{AB} と
　(ⅱ) $D \to A$ における内部エネルギーの変化分 ΔU_{DA} を求めよ。

ヒント！ (1)は，A における理想気体の状態方程式：$p_A V_A = nRT_A$ から，n を求めよう。(2)では，理想気体のカルノー・サイクルの公式：(ⅰ) $\dfrac{V_B}{V_A} = \dfrac{V_C}{V_D}$，(ⅱ) $W = Q_2 - Q_1 = nR(T_2 - T_1)\log\dfrac{V_B}{V_A}$，(ⅲ) $\eta = 1 - \dfrac{T_1}{T_2}$ を使って計算すればいい。(3)単原子分子理想気体の定積モル比熱 C_V は $C_V = \dfrac{3}{2}R$ より，公式：$\Delta U = nC_V \Delta T$ を使って，各内部エネルギーの変化分を求めればいいんだね。頑張ろう！

解答＆解説

(1) $p_A = 10^6(\text{Pa})$，$V_A = 1 \times 10^{-2}(\text{m}^3)$，$T_A = 600(\text{K})$，気体定数 $R = 8.31(\text{J/mol K})$ より，点 A の状態での $n(\text{mol})$ の作業物質 (理想気体) の状態方程式は，

● 熱力学第2法則

$$10^6 \times 10^{-2} = n \times 8.31 \times 600 \text{ より,} \quad \leftarrow \boxed{p_A V_A = n \cdot R \cdot T_A}$$

$$n = \frac{10^4}{4986} = 2.005\cdots \fallingdotseq 2.0 \,(\text{mol}) \text{ である。} \cdots\cdots\cdots\cdots\cdots\cdots\cdots\text{(答)}$$

(2) 理想気体のカルノー・サイクルに
ついて,

(i) $V_A = 10^{-2}(\mathrm{m}^3)$,

$\qquad V_B = V_D = \sqrt{2} \times 10^{-2}(\mathrm{m}^3)$ を用いて,

$\qquad \dfrac{V_B}{V_A} = \dfrac{V_C}{V_D}$ より,

$\qquad \dfrac{\sqrt{2} \times 10^{-2}}{10^{-2}} = \dfrac{V_C}{\sqrt{2} \times 10^{-2}}$

$\qquad \therefore V_C = (\sqrt{2})^2 \times 10^{-2} = 2 \times 10^{-2}(\mathrm{m}^3)$ $\cdots\cdots\cdots\cdots\cdots\cdots\cdots$(答)

> 理想気体のカルノー・サイクル
> (i) $\dfrac{V_B}{V_A} = \dfrac{V_C}{V_D}$ $\cdots\cdots\cdots\cdots$($*w$)
> (ii) $W = nR(T_2 - T_1)\log\dfrac{V_B}{V_A}$ $\cdots$($*x$)
> (iii) $\eta = 1 - \dfrac{T_1}{T_2}$ $\cdots\cdots\cdots\cdots\cdots$($*y$)

(ii) $T_2 = 600(\mathrm{K})$, $T_1 = 477(\mathrm{K})$ より, この **1** サイクルが外部になす仕事 W は,

$\qquad W = nR(T_2 - T_1)\log\dfrac{V_B}{V_A}$

$\qquad = 2.0 \times 8.31 \times (600 - 477) \times \log\dfrac{\sqrt{2} \times 10^{-2}}{10^{-2}} = 16.62 \times 123 \times \dfrac{1}{2}\log 2$

$\qquad\qquad\qquad\qquad\qquad\qquad \boxed{\log 2^{\frac{1}{2}} = \dfrac{1}{2}\log 2}$

$\qquad = 708.48\cdots \fallingdotseq 708\,(\mathrm{J})$ $\cdots\cdots\cdots\cdots\cdots\cdots\cdots\cdots\cdots$(答)

(iii) この熱効率 η は,

$$\eta = 1 - \frac{T_1}{T_2} = 1 - \frac{477}{600} = \frac{41}{200} = 0.205 \text{ である。} \cdots\cdots\cdots\cdots\cdots\text{(答)}$$

(3) 単原子分子理想気体の定積モル比熱 C_V は $C_V = \dfrac{3}{2}R$ である。

(i) **A→B** は等温過程であり, $\Delta T_{AB} = 0$

$\qquad \therefore \Delta U_{AB} = n \cdot C_V \cdot \Delta T_{AB} = 0\,(\mathrm{J})$ $\cdots\cdots\cdots\cdots\cdots\cdots\cdots\cdots\cdots$(答)

$\qquad\quad \underset{②}{} \underset{\frac{3}{2}R}{} \underset{⓪}{}$

(ii) **D→A** の準静的断熱変化では, $\Delta T_{DA} = T_A - T_D = T_2 - T_1 = 123\,(\mathrm{K})$ より,

$\qquad \therefore \Delta U_{DA} = 2 \times \dfrac{3}{2} \times 8.31 \times 123 = 3066.39 \fallingdotseq 3066\,(\mathrm{J})$ である。$\cdots\cdots$(答)

117

§2. 熱力学第2法則

前回で，カルノー・サイクルの解説が終わったので，この講義では，いよいよ，"**熱力学第2法則**"の解説に入る。この熱力学第2法則は，熱力学第1法則と並んで，熱力学の体系の基礎となるものなんだね。

熱力学第1法則は，熱力学的なエネルギー保存則のことで，公式：$\Delta U = Q - W$で表すことができた。この公式では熱量Qと仕事Wは等価なエネルギーとして取り扱ったんだね。

しかし，現実問題として熱エネルギーから仕事Wを取り出すのは難しく，明らかに熱エネルギーQと仕事Wの間には質の違いが存在する。この質の違いを明確にする法則が"**熱力学第2法則**"なんだね。

しかし，ここで問題が1つ。熱力学第1法則は微分形式のもの($dU = d'Q - d'W$)も含めて，数式で表すことができた。これに対して，この熱力学第2法則の根本原理である"**クラウジウスの原理**"と"**トムソンの原理**"は，数式ではなくて，言葉で表されているんだね。

したがって，熱力学第2法則を学ぶための準備として，まず，論理学の基本を復習しておく必要があるんだね。それでは，"**対偶による証明法**"も含めた論理学の解説から講義を始めよう。

● 対偶による証明法をマスターしよう！

論理学の対象となる"**命題**"とは，真・偽がハッキリ分かる文章または式のことなんだね。ここで，命題"$p \Rightarrow q$"を元の命題とみると，その**逆**，**裏**，**対偶**は次のようになる。

- 逆：$q \Rightarrow p$ 　　　　「qならば，pである。」
- 裏：$\angle p \Rightarrow \angle q$ 　　　「pでないならば，qでない。」
- 対偶：$\angle q \Rightarrow \angle p$ 　　「qでないならば，pでない。」

ここで，$\angle p$や$\angle q$は，それぞれpやqの**否定**を表す。たとえば，元の命題を"人間⇒動物(人間ならば動物である)"とすると，その逆，裏，対偶を示すと，次のようになる。

- 元の命題：「人間であるならば，動物である。」……①：真
  - 逆：「動物であるならば，人間である。」……②：偽
  - 裏：「人間でないならば，動物でない。」……③：偽

・対偶：「動物でないならば，人間でない。」……④：真

これから，元の命題①とその対偶④は共に真であることは明らかだね。

ここで，逆，裏，対偶は，相対的なものなので，②の"動物⇒人間"を元の命題として考えると，この逆，裏，対偶は，その真，偽も含めて示すと，次のようになる。

・元の命題：「動物 ⇒ 人間」 ………………②：偽

・逆　　　：「人間 ⇒ 動物」 ………………①：真

・裏　　　：「動物でない ⇒ 人間でない」……④：真

・対偶　　：「人間でない ⇒ 動物でない」……③：偽

この元の命題②は，動物であるからといって，猫かもしれないから，人間で

あるとは限らないので，これは偽だね。そして，この対偶③も，人間でないからといって，犬かもしれないので，動物でないとは限らない。よって，

〔反例〕

これも偽である。

これから，元の命題②とその対偶③は共に偽であることが分かった。

以上のことは，とても大事なことで，これから次のことが言えるんだね。

（ⅰ）「元の命題が真ならば，その対偶も真」だし，
　　　逆に，「対偶が真ならば，元の命題も真」だ。

（ⅱ）「元の命題が偽ならば，その対偶も偽」だし，
　　　逆に，「対偶が偽ならば，元の命題も偽」となる。

つまり，元の命題と対偶は真・偽に関して運命共同体ってことになるんだ。だから，元の命題が真であることを証明したかったら，その対偶が真であることを示せばいい。これを，"**対偶による証明法**"という。基本事項として下に示しておこう。

対偶による証明法

命題：「$p \Rightarrow q$」が真であることを証明するためには，

その対偶：「$\angle q \Rightarrow \angle p$」が真であることを証明すればいい。

もちろん，対偶：「$\angle q \Rightarrow \angle p$」が偽であることが分かれば，元の命題：「$p \Rightarrow q$」が偽であることを証明したことになるんだね。大丈夫？

ここで，p や q などの**否定**についても解説しておこう。たとえば，p が "A または B" だったとする。すると，この**否定** $\angle p$ は "$\angle A$ かつ $\angle B$" となる。同様に，q が "A かつ B" とすると，その**否定** $\angle q$ は "$\angle A$ または $\angle B$" となるんだね。つまり，

（ⅰ）"または" の否定は "かつ"

（ⅱ）"かつ" の否定は "または"

（ⅰ）"$x=1$ または $x=2$" の否定は "$x \neq 1$ かつ $x \neq 2$" となる。

（ⅱ）"$x>0$ かつ $y<0$" の否定は "$x \leqq 0$ または $y \geqq 0$" となる。

と覚えておこう。同様に，

（ⅰ）"少なくとも 1 つ" の否定は "すべての"

（ⅱ）"すべての" の否定は "少なくとも 1 つ"

となることも覚えておくといいんだね。

それでは，対偶を利用して証明する問題をここで 1 題解いておこう。

例題 16 次の命題 (*) が成り立つことを証明しよう。

実数 a，b，c について，

命題：「$(a-2)(b-2)(c-1) \geqq 0$ ならば，

$a \leqq 2$ または $b \leqq 2$ または $c \geqq 1$ である。」……(*)

命題 (*) って，真なのか，偽なのか，何かよく分からない命題だね。このようなとき，(*) の対偶をとって，これが真であることを示せば，(*) が真，すなわち，成り立つことを示したことになるんだね。こんなときは，対偶をとってみるといい。

命題 (*) の対偶を下に示すと，

対偶：「$a>2$ かつ $b>2$ かつ $c<1$ であるならば，$(a-2)(b-2)(c-1)<0$ で

"または" の否定は "かつ" になる！

ある。」……(**) となる。これだと分かりやすいでしょう？ つまり，$a>2$ より，$a-2>0$，かつ $b>2$ より，$b-2>0$，かつ $c<1$ より，$c-1<0$ となるので，$(a-2)(b-2)(c-1)<0$ となる。 （正）×（正）×（負）＝（負）だからね。

よって，(*) の対偶 (**) が真であることが示せたので，元の命題 (*) も真であること，すなわち，成り立つことが証明できたんだね。

どう？ 対偶による証明法も，これでマスターできたと思うので，これから，"**熱力学第 2 法則**" について解説しよう。

120

● 熱力学第 2 法則

● まず，クラウジウスの原理とトムソンの原理から始めよう！

「常温の大気中で，コップに入った熱いお湯は放っておくとやがて冷めて大気温度と等しい水になる」ことを，ボク達は日頃の経験から知っている。そして，この逆，つまり「冷めたい水を放っておいたら，そのうちこれが大気温度より熱いお湯になっていた」なんてことが，決して起こり得ないことも知っている。"**熱力学第 2 法則**" とは，このようなことを法則としてまとめたものなんだね。エッ，何だかスッキリしない法則だって？ その通りだね。

熱力学第 1 法則は公式としてキッチリ表現することが出来たので，分かりやすかったんだけれど，熱力学第 2 法則は式ではなく，まず言葉で表現されるため，漠然とした感じになってしまうのは仕方がないんだね。しかも，その表現の仕方が複数あることも，混乱の原因になるのかも知れない。

ここではまず，熱力学第 2 法則を表現する代表例として，"**クラウジウスの原理**" と "**トムソンの原理**" について解説しよう。まず，これらの原理を下に示そう。

クラウジウスの原理とトムソンの原理

（I）クラウジウスの原理

「他に何の変化も残さずに，熱を低温の物体から高温の物体に移すことはできない。」 ·· $(*z)$

（II）トムソンの原理

「他に何の変化も残さずに，ただ 1 つの熱源から熱を取り出し，それをすべて仕事に変え，自身は元の状態に戻ることはできない。」
·· $(*a_0)$

クラウジウスの原理もトムソンの原理も共に，"他に何の変化も残さずに" という条件が付いていることに気をつけよう。

これだけではまだピンとこないかもしれないね。でも，$(*z)$ のクラウジウスの原理と $(*a_0)$ のトムソンの原理も簡単な図を描いて示すと，その本質が分かりやすくなるんだね。そして，これらが共にカルノー・サイクルや逆カルと密接に関係していることも分かってくるはずだ。

さらに，$(*z)$ と $(*a_0)$ が "**同値**"，つまり "**必要十分条件**" であることも，"**対偶**

$(*z) \Rightarrow (*a_0)$ が真で，かつ $(*a_0) \Rightarrow (*z)$ が真のとき，$(*z)$ と $(*a_0)$ は同値（必要十分条件）という。

121

による証明法" により示すことができる。これについても，詳しく解説しよう。

(I) まず，クラウジウスの原理(*z)について，そのイメージ図を図1に示そう。

図1 クラウジウスの原理のイメージ

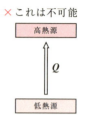

この図が示すように，系の外部に何の影響も残すことなしに，低熱源から高熱源に熱量 Q が移動することはない，と言っているんだね。

具体的には，何もしないのに，常温の大気から熱いお湯に熱量が移動して，さらにお湯の温度を上げることはないというのがクラウジウスの原理なんだね。

> **参考**
> これに対して，右図に示す逆カル(逆カルノー・サイクル) $\overline{C}$ を使えば，確かに低熱源から高熱源に熱を移動させることができる。しかし，この場合，逆カル $\overline{C}$ に外部から仕事 W がなされているので，"外部に何の変化も残さずに" 低熱源から高熱源に熱を移動させたわけではないことに注意しよう。
> よって，逆カルノー・サイクルは，"**クラウジウスの原理**" の反例ではないことが分かるはずだ。

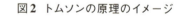

(II) 次に，トムソンの原理(*a_0)について，そのイメージ図を図2に示そう。

図2 トムソンの原理のイメージ

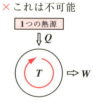

この図から分かるように，ただ 1 つの熱源だけから熱量 Q を得て，それをすべて仕事に変え，他に何の影響も残
　　↑
（つまり，熱効率 $\eta = 1$ ということだね。）

すことなく，元の状態に戻ることができるような熱機関 T は存在しないと，言っているんだね。

この熱機関の名前 T は，トムソン ($\textit{Thomson}$) の頭文字からとったものだ。そして，この熱機関 T は，熱を得てただ 1 方向に動くだけでなく，他に何の変化も残さずに必ず元の状態に戻り，繰り返し稼働できるものと考えている。

> **参考**
>
> これに対して，右図に示すカルノー・サイクルは，高熱源と低熱源の **2** つをもち，高熱源から熱量 Q_2 を得て，その **1** 部を外部になす仕事 W に変え，残りの熱量 Q_1 を低熱源に放出する熱機関になっている。そして，当然これは存在し得るんだけれど，必ず温度差のある **2** つの熱源が必要となるんだね。

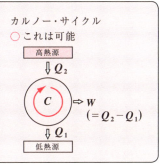

2 つの熱源を必要とするカルノー・サイクル C に対して，熱機関 T は，「ただ 1 つの熱源から熱を取り出し，他に何の変化も残さずに，それをすべて仕事に変え，同期的に動く機械」ということになる。このような熱機関 T のことを "**第 2 種の永久機関**" というんだね。

> "**第 1 種の永久機関**" は，動力源 (燃料) $Q=0$ であるにも関わらず，$W>0$ で稼働する熱機関のことだ。1 サイクル回ると $\Delta U=0$ より，熱力学第 1 法則から，
> $0 = Q - W$ $\therefore Q = W$ よって，$Q=0$ で，かつ $W>0$ となる "**第 1 種の永久機関**" $\boxed{\Delta U}$
> は存在し得ないんだったね。大丈夫？

第 1 種の永久機関に比べて，図 2 から明らかなように，第 2 種の永久機関は，$W=Q(>0)$ を満たすので，熱力学第 1 法則から見た場合，特に問題はないんだね。

それでも，このような第 2 種の永久機関は存在しないことをボク達は日頃の経験から知っている。何故だか分かる？ もし，ただ 1 つの熱源から熱エネルギー Q を得て，それをすべて仕事に変えながら繰り返し稼働できるエンジン (サイクル) が作れるんだったら，石油や灯油や電気や原子力などの燃料やエネルギー源は必要なくなるんだね。

123

たとえば，真夏の熱いアスファルトの道を熱源として，ガソリンをまったく使わずにスポーツカーを走らせることが出来るようになるし，また，大海原には莫大な熱エネルギーが存在するので，これを熱源として飛鳥Ⅱなどの豪華客船も一切原油など使うことなく航行させることも可能になるんだね。また，大気中にも無尽蔵の熱エネルギーが存在するわけだから，これを利用すれば，飛行機やロケットも飛ばせることができるはずだ。

　ン？ 熱エネルギーを奪われた陸上の道や海や大気が冷却されて，地球が氷河期に入ってしまうんじゃないかって⁉ 心配は要りません！ これらの乗り物の運動エネルギーとなるために使用された仕事は，やがては摩擦熱として元の熱エネルギーに戻っていくはずだから，最終的には地球の熱的環境には一切影響を残さないことになるんだね。考えるだけでも夢のような話だね。

　しかし，残念なことに，この素晴しい**"第2種の永久機関"**は存在しないと，**"トムソンの原理"**は主張しているんだね。ン？ でも，ひょっとして，未来には，この第2種の永久機関でみんな旅行を楽しんでいるかもしれないって⁉ …，確かに，夢を捨て切れない気持ちは分からないではないんだけどね…。

　でも，常温の大気中に放置された水が何もしないのに熱いお湯に変化することはない。つまり，**"クラウジウスの原理"**が成り立つことはみんな素直に受け入れることができるでしょう？ だったら，この**"トムソンの原理"**も君達は当然受け入れなければならない。何故だか分かる？ それは**"クラウジウスの原理"**と**"トムソンの原理"**が同値，すなわち必要十分条件の関係にあるからなんだね。これから，詳しく解説しよう。

参考

命題：「$p \Rightarrow q$」が真であるとき，
・q を，p にとって，必要条件といい，また，
・p を，q にとって，十分条件というんだね。

次に，命題：「$p \Leftrightarrow q$」が真であるとき，
・p と q は共に必要十分条件の関係にあるというか，もっと簡単に，
・p と q は同値である，というんだね。これも覚えておこう。

● Cの原理とTの原理は同値であることを証明しよう！

それでは，これから，"**クラウジウスの原理**" と "**トムソンの原理**" が共に必要十分条件，つまり同値であることを証明しよう。
まず，クラウジウスとトムソンの頭文字をとって，
クラウジウスの原理を "**C**" と表し，トムソンの原理を "**T**" で表すことにする。

| C：「他に何の変化も残さずに，熱を低温の物体から高温の物体に移すことはできない。」 | T：「他に何の変化も残さずに，ただ1つの熱源から熱を取り出し，それをすべて仕事に変え，自身は元に戻ることはできない。」 |

そして，これが同値であること，すなわち，
"$C \Leftrightarrow T$" ……(*) が成り立つことを示せばいいんだね。そのためには，
(ⅰ) まず，$C \Rightarrow T$ ……(*1) を，この対偶 $\angle T \Rightarrow \angle C$ を示すことにより，証明し，
(ⅱ) 次に，$T \Rightarrow C$ ……(*2) も，この対偶 $\angle C \Rightarrow \angle T$ を示すことにより，証明すればいい。
さらに，これらの証明には，カルノー・サイクルや (逆カル) 逆カルノー・サイクル

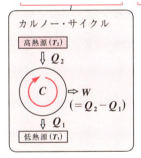
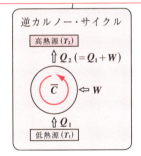

を利用することもポイントになるんだね。
ちなみに，$\angle C$ や $\angle T$ は，C や T の否定を表すわけだから，
$\angle C$：「他に何の変化も残さずに，熱を低温の物体から高温の物体に移すことができる」という意味であり，また，
$\angle T$：「他に何の変化も残さずに，ただ1つの熱源から熱を取り出し，それをすべて仕事に変え，自身は元に戻ることができる」という意味なんだね。

これで，準備もすべて整ったので，これからいよいよ(*)の証明に入ろう。何だか難しそうだって!? 大丈夫！図を描きながら，論理的に考えていけばいいわけだからね。楽しみながら証明していこう！

(ⅰ) まず初めに，命題 "C⇒T" ……(*1) が成り立つことを示そう。

そのためには，この対偶 "∠T⇒∠C" ……(*1)' が成り立つことを示せば

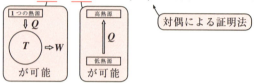

いいんだったね。

∠T(トムソンの原理の否定)により，まず，図3(ⅰ)に示すように，ただ1つの熱源(低熱源)から熱量 Q を取り出して，それを全て仕事 $W(=Q)$ に変え，周期的に動く熱機関 T が存在することになる。

これは "第2種の永久機関" そのものだね。

次に，図3(ⅱ)に，この熱機関 T から出力される仕事 W をそのまま使って低熱源から Q_1 の熱量を取り出し，熱機関 T の仕事 W をすべて受けて，高熱源に $Q_2(=W+Q_1=Q+Q_1)$ を放出する逆カルノー・サイクル $\overline{C}$ を稼働させることにしよう。カルノー・サイクルは可逆機関だから，この逆カルは常に利用できるんだね。

ここで，熱機関 T と逆カル $\overline{C}$ を組み合わせて，1つの熱機関 $T+\overline{C}$ を考えよう。すると，図3(ⅲ)に示すように，これは，低熱源から $Q_2(=Q+Q_1)$ の熱量を取り出し，高熱源に $Q_2(=Q+Q_1)$ を放出しているだけで，他に何の変化も残していないことになる。つまり，これは，クラウジウスの原理の否定 ∠C を表しているんだね。

これから，対偶 "∠T⇒∠C" ……(*1)' が成り立つことが示せた。よって，元の命題 "C⇒T" ……(*1) が成り立つことも示せたんだね。

図3 対偶 "∠T⇒∠C" の証明

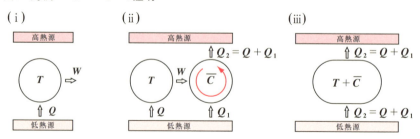

(ⅱ)では次，命題 "T⇒C" ……(*2) が成り立つことを示そう。
そのためには，この対偶 "∠C⇒∠T" ……(*2)′ が成り立つことを

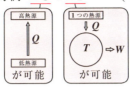

示せばいい。

∠C(クラウジウスの原理の否定)により，まず，図4(ⅰ)に示すように，他に何の変化も残さずに，ただ低熱源から高熱源へ熱量 Q を移動させることが可能なんだね。次に，図4(ⅱ)に示すように，高熱源から熱量 $Q_2(>Q)$ を取り出し，この1部を仕事 W に変え，残りの熱量 $Q(=Q_2-W)$ を低熱源に

（上記の Q と一致させることがポイントなんだね。）

放出するカルノー・サイクル C を稼働させることにしよう。

ここで，図4(ⅱ)に示す2つの過程を1つの熱機関とみなして考えると，低熱源に対しては $-Q+Q=0$ となって，熱の出入りはなくなる。
よって，高熱源をただ1つの熱源として，それから Q_2-Q の熱量を取り出し，それをすべて仕事 W に変えて周期的に動く熱機関 T が現れることになる。
つまり，これはトムソンの原理の否定 ∠T を表している。

これから，対偶 "∠C⇒∠T" ……(*2)′ が成り立つことが示せた。
よって，元の命題 "T⇒C" ……(*2) が成り立つことも示せたんだね。

図4　対偶 "∠C⇒∠T" の証明

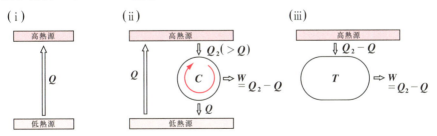

以上 (*1)(*2) より，命題 "C⇔T" ……(*) が成り立ち，クラウジウスの原理とトムソンの原理が同値であることが証明できたんだね。

どう？ 対偶による証明も図を使って考えることにより，よく理解できたと思う。この熱力学第2法則は，"**クラウジウスの原理**"と"**トムソンの原理**"以外にも"**プランクの原理**"など，複数存在する。でも，熱力学第2法則の基本はあくまでも，この2つの原理なので，今はこの2つの原理をシッカリ頭に入れておいてくれたらいいと思う。

それでは，今回の証明法と同様の手法を使って，不可逆機関の熱効率について，考えてみよう。

● 不可逆機関の熱効率も調べてみよう！

カルノー・サイクルは，すべての過程がゆっくりジワジワ変化する可逆過程から成り立つ，理想的な静かなエンジンなんだね。これに対して，実際のエンジンはドドドドッ…っと，高速に稼働しているため，1サイクルの変化はすべて不可逆過程になっているはずなんだね。

ここでは，この不可逆機関の熱効率 η' と可逆熱機関 (カルノー・サイクル) の熱効率 η の大小関係の公式 (カルノーの定理) が成り立つことを，今回は"**背理法**"を用いて，証明してみよう。

> **参考**
>
> 背理法による証明：「$p \Rightarrow q$」や「q である」が真である (成り立つ) ことを示すためには，まず，$\angle q$ (q でない) と仮定して，矛盾を導けばよい。

まず初めに，**P104** で解説したカルノー・サイクルの熱効率 η ：

$$\eta = 1 - \frac{Q_1}{Q_2} \quad \cdots\cdots (*\nu) \qquad \left(\begin{array}{l} Q_2 : 高熱源から取り出す熱量 \\ Q_1 : 低熱源に放出する熱量 \end{array} \right)$$

は，熱力学第1法則のみによって導かれたものなので，作業物質が何であっても，また，不可逆機関であっても成り立つ公式なんだね。さらに，ブレイトン・サイクル (**P111**) のように，2つの熱源を持つ熱機関であれば，カルノー・サイクルでなくても利用される，いわば，熱効率の定義式が $(*\nu)$ だと考えてくれたらいいんだね。

128

そして，このカルノー・サイクルの作業物質が理想気体であるとき，
$\dfrac{Q_1}{Q_2} = \dfrac{T_1}{T_2}$ が成り立つため，熱効率 η の公式：

$\eta = 1 - \dfrac{T_1}{T_2}$ ……$(*y)$ (P107) が導けた。

> 本書では解説しないが，実はこの $(*y)$ は，作業物質が理想気体でないときでも成り立つ。

それではここで，作業物質は何でもかまわないんだけれど，理想的な可逆機関と，<u>現実的な不可逆機関</u>の熱効率について述べた "**カルノーの定理**" を

> 実際には，どんな熱機関にもどこかに摩擦が生じるため，不可逆機関になる。

下に示そう。

カルノーの定理

温度が一定の2つの熱源の間に働く可逆機関の熱効率 η は，作業物質によらずすべて等しく，温度だけで決まり，しかも最大の熱効率となる。同じ熱源の間で働く不可逆機関の熱効率 η' は，必ず η より小さい。

この "カルノーの定理" は，「高温と低温の2つの温度一定な熱源の間で働く可逆機関の熱効率 η が最大のもので，かつ，いかなる不可逆機関の熱効率 η' よりも大きい。つまり，$\eta > \eta'$ となる。」と言っているんだね。これから，この "カルノーの定理" が成り立つことを，また図を使いながら，そして，背理法も利用して証明してみよう。

このような思考実験も慣れてくると，非常に面白いと思う。

ではまず，図5に示すように，温度一定の2つの熱源 (高熱源と低熱源) の間で働く可逆機関を C，不可逆機関を C' とおく。

高熱源と低熱源の温度は一定で，かつ熱源はこの2つだけであるとする

図5 可逆機関と不可逆機関

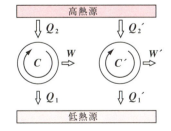

と，等温 (高温) → 断熱 → 等温 (低温) → 断熱のサイクルしか考えられないので，C はカルノー・サイクルと考えていいんだね。

（ⅰ）可逆機関 C は，高熱源から熱量 Q_2 を取り出し，その 1 部を仕事 W に変え，残りの熱量 Q_1 を低熱源に放出するので，その熱効率 η は，

$$\eta = 1 - \frac{Q_1}{Q_2} \quad \cdots\cdots ① \quad \text{となる。}(*\nu) \text{の公式通りだね。次に，}$$

（ⅱ）不可逆機関 C' は，高熱源から熱量 $Q_2{}'$ を取り出し，その 1 部を仕事 W' に変え，残りの熱量 $Q_1{}'$ を低熱源に放出するので，その熱効率 η' は，

$$\eta' = 1 - \frac{Q_1{}'}{Q_2{}'} \quad \cdots\cdots ② \quad \text{となるのもいいね。これも，}(*\nu) \text{の公式通りだ。}$$

ここで，C は可逆機関のカルノー・サイクルなので，これを逆回転させて，図 6（ⅰ）に示すように逆カル $\overline{C}$ に変更してみよう。つまり，逆カル $\overline{C}$ は，低熱源から熱量 Q_1 と外部からの仕事 W を受けて，高熱源に $Q_2(=Q_1+W)$ の熱を放出する機関のことだ。ここで，$Q_2 = Q_2{}' \cdots\cdots ③$ となるように調節したものとしよう。そうした上で，図 6（ⅱ）に示すように，この $\overline{C}$ と C' を組み合わせて 1 つの熱機関 $\overline{C}+C'$ として考えてみよう。

このとき，$\overline{C}+C'$ が外部になす仕事は，$W'-W = Q_1 - Q_1{}'$ となるのはいいね。ここで，③より $\overline{C}+C'$ への Q_2 と $Q_2{}'$ の流出量と流入量はつり合っているので，プラス・マイナス 0 になっている。

ここで，背理法に入ろう。

$\underline{Q_1 - Q_1{}' > 0}$ と仮定すると，

> ここでは，$Q_1 - Q_1{}' \leqq 0$ となることを証明したいので，この否定：$Q_1 - Q_1{}' > 0$ と仮定して，矛盾を導けばいい。

図6　$\eta \geqq \eta'$ の証明

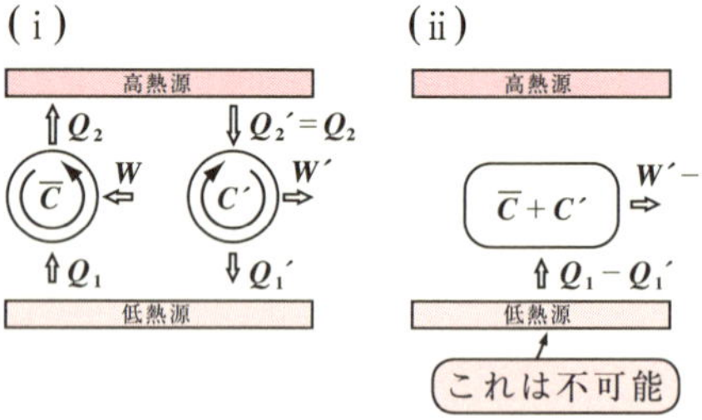

（ⅰ）

（ⅱ）

これは不可能

これは，1 つの低熱源から熱量 $Q_1 - Q_1{}'$ を取り出し，これをすべて仕事 $W'-W$ に変える機関，つまり第 2 種の永久機関になっている。トムソンの原理より，これはあり得ない。よって，矛盾が生じる。

> これで，背理法が成立したので，$Q_1 - Q_1{}' \leqq 0$ となることが証明されたんだね。これから一気に $\eta \geqq \eta'$ を導いてみよう。

$\therefore Q_1 - Q_1{}' \leqq 0$ となるので，

$Q_1{}' \geqq Q_1 \quad \cdots\cdots ④ \quad$ が成り立つ。

> もう1度，元の図5で考えてみよう。
> $Q_2 = Q_2'$ としているので，C と C' に流入する熱量は等しい。ここで，$Q_1' \geqq Q_1$ より，放出する熱量は C' の方が大きいので，C' が外部になす仕事 $W'(=Q_2'-Q_1')$ はその分，C のなす仕事 W 以下となることが分かるんだね。つまり，C' の熱効率 η' は，C の熱効率 η 以下であることが分かる。これを，数式で確認してみよう。

図5 可逆機関と不可逆機関

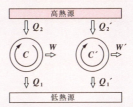

以上①〜④より，

$$\eta = 1 - \frac{Q_1}{Q_2} = 1 - \frac{Q_1}{\boxed{Q_2'}} \geqq 1 - \frac{\boxed{Q_1'}}{Q_2'} = \eta'$$

　　　　　　　　　　$\boxed{Q_2\ (③より)}$　$\boxed{Q_1\ (④より)}$

分子が Q_1 以上の Q_1' を引いているので，η' は η 以下になる。

∴ $\eta \geqq \eta'$ ……⑤

　$\boxed{可逆機関の熱効率}$

ここでもし，C' が可逆機関とすると，同様に，$\eta \leqq \eta'$ ……⑥ となる。よって，⑤，⑥より，$\eta' = \eta$ となる。これから，

- (i) C' が不可逆機関であれば，$\eta' < \eta$ となり，
- (ii) C' が可逆機関であれば，$\eta' = \eta$ となることが分かったんだね。

よって，同じ2つの熱源の間で働く可逆機関の熱効率は作業物質によらずすべて等しいこと，また，不可逆機関の熱効率はこれより必ず小さいことが分かった。そして，この可逆機関の熱効率がこの場合の最大値であることも確認できたんだね。

フ〜，疲れたって？でも，C や $\overline{C}$ や C' などの図を使って，論理的に考えていく作業はとても面白かったでしょう？後は，よく復習して，慣れていくことだね。

今回は，証明問題が中心だったので，特に演習問題は設けていない。講義の内容を繰り返し読んで，しっかりマスターしよう！

講義4 ●熱力学第2法則　公式エッセンス

1. カルノー・サイクル（エンジン）がする仕事

カルノー・エンジンが1サイクルで外に対して行う仕事 W は，

$W = Q_2 - Q_1$ 　　$\begin{pmatrix} Q_2：\text{高熱源から作業物質が吸収する熱量} \\ Q_1：\text{低熱源へ作業物質が放出する熱量} \end{pmatrix}$

2. 一般の作業物質に対するカルノー・サイクルの熱効率 η

$$\eta = \frac{(\text{外に対してする仕事})}{(\text{吸収する熱量})} = \frac{W}{Q_2} = 1 - \frac{Q_1}{Q_2}$$

3. 理想気体に対するカルノー・サイクルの熱効率 η

$\eta = 1 - \dfrac{T_1}{T_2}$ 　　(T_2：高熱源の温度，T_1：低熱源の温度)

4. 熱力学第2法則

（Ⅰ）クラウジウスの原理：

「他に何の変化も残さずに，熱を低温の物体から高温の物体に移すことはできない。」

（Ⅱ）トムソンの原理：

「他に何の変化も残さずに，ただ1つの熱源から熱を取り出し，それをすべて仕事に変え，自身は元の状態に戻ることはできない。」

(すなわち，第2種の永久機関は存在しない。)

（Ⅰ）と（Ⅱ）が同値であることは，対偶による証明法を利用して証明することができる。

5. カルノーの定理

「温度が T_2, T_1 ($T_2 > T_1$) 一定の2つの熱源の間に働く可逆機関の熱効率 η は作業物質によらずすべて等しく，最大の値 $\eta = 1 - \dfrac{T_1}{T_2}$ ……① をとり，これは同じ熱源の間で働く不可逆機関の熱効率 η' より必ず大きい。」

エントロピー

▶ カルノー・サイクルとエントロピー
$$\left(dS = \frac{d'Q}{T},\ TdS = dU + pdV\right)$$

▶ エントロピー増大の法則
$$\left(S_B - S_A > \int_{A(\text{不})}^{B} \frac{d'Q}{T},\ dS > \frac{d'Q}{T}\right)$$

▶ エントロピーの計算
$$(S(p, V) = nC_V \log pV^\gamma + \alpha)$$

§1. カルノー・サイクルとエントロピー

サァ，これから熱力学のメインテーマの1つ "**エントロピー**" S について解説しよう。これまで，熱力学的な系の状態量として，p(圧力)，V(体積)，T(温度)，U(内部エネルギー)，そして H(エンタルピー)の5つについて教えてきたけれど，これに新たな状態量として S(エントロピー)が加わるんだね。

このエントロピー S は，カルノー・サイクルから導き出されるんだけれど，その導き方や意味，そして計算法など，かなり難しく感じるかも知れないね。でも，これまでと同様に，できるだけ分かりやすく解説するので，すべて理解できると思う。楽しみながら，エントロピー S もマスターしよう！

● **エントロピーの雛形を，カルノー・サイクルから導こう！**

図1に，カルノー・サイクル：

A ─→ B ─→ C ─→ D ─→ A
(温度T_2の等温変化)(準静的断熱変化)(温度T_1の等温変化)(準静的断熱変化)

の pV 図を示す。このカルノー・サイクルの作業物質は何でも構わない。
A を出発点として，1サイクル回って元の A の状態に戻るとき，圧力 p_A は p_A に，体積 V_A は V_A に，そして温度 T_A は T_A に戻るだけなので，この1サイ

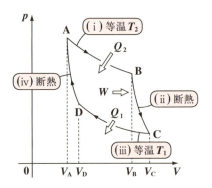

図1 カルノー・サイクル

クルよる圧力や体積や温度の変化分はいずれも $\Delta p = 0$，$\Delta V = 0$，$\Delta T = 0$ となる。これは圧力 p や体積 V や温度 T が状態を表す状態量だからなんだね。

これに対して，熱量 Q は，この1サイクルより，温度 T_2 の高熱源から熱量 $Q_2(>0)$ を吸収し，その1部を仕事 W に変えて，残りの熱量 $Q_1(>0)$ を温度 T_1 の低熱源に放出するんだね。したがって，$\Delta Q = Q_2 - Q_1 > 0$ となって，0 にはならないので，熱量 Q は当然，状態量ではあり得ないんだね。

● エントロピー

しかし，このカルノー・サイクルの熱効率 η は，

$$\eta = \boxed{1 - \frac{Q_1}{Q_2} = 1 - \frac{T_1}{T_2}} \quad \cdots\cdots ① \quad \text{と表されるんだね。}$$

> 作業物質が理想気体でなくても，この公式①は成り立つ。

よって，この①を変形すると，

$$\frac{Q_1}{Q_2} = \frac{T_1}{T_2}, \quad \frac{Q_1}{T_1} = \frac{Q_2}{T_2} \qquad \therefore \frac{Q_2}{T_2} - \frac{Q_1}{T_1} = 0 \quad \cdots\cdots ② \quad \text{となるので，ここで，}$$

新たな状態量として，$S = \dfrac{Q}{T}$ を定義してみよう。すると，このカルノー・サイクルを1回転しても，

$$A \longrightarrow B \longrightarrow C \longrightarrow D \longrightarrow A \quad \text{となる。すなわち，}$$

$$\boxed{S_{A \to B} = \frac{Q_2}{T_2}} \quad \boxed{S_{B \to C} = 0} \quad \boxed{S_{C \to D} = -\frac{Q_1}{T_1}} \quad \boxed{S_{D \to A} = 0}$$

> 断熱変化では，熱の出入りがないため S も 0 になる。

$$\Delta S = S_A - S_A = S_{A \to B} + S_{B \to C} + S_{C \to D} + S_{D \to A}$$

$$= \frac{Q_2}{T_2} + 0 - \frac{Q_1}{T_1} + 0 = 0 \quad (②より)$$

となって，S は状態量としての条件をみたしていることが分かるんだね。

よって，この $S = \dfrac{Q}{T}$ が新たな状態量 "**エントロピー**" の雛形であることが分かったと思う。

　それでは，ここで，話をより一般化するために，作業物質が吸収，または放出する熱量の符号を決めることにしよう。これまでは，吸収する熱量 Q_2 も，放出する熱量 Q_1 も共に正で表現していたが，これからは吸収する熱量を正，つまり，$Q_2(>0)$ はそのままとするが，放出する熱量は負，つまり $Q_1(<0)$ と表すことにする。このように，Q_1，Q_2 の中に符号を含ませることによって，②は $\dfrac{Q_1}{T_1} + \dfrac{Q_2}{T_2} = 0 \quad \cdots\cdots ②'$ と，シンプルに和のみで表現できるようになるんだね。たとえば，$Q_1 = 1000(\mathrm{J})$ の熱量の流出を，②' では，$Q_1 = -1000(\mathrm{J})$ の流出というように表すことにする。

135

● カルノー・サイクルから任意のサイクルに拡張しよう！

準静的なカルノー・サイクルで，$\dfrac{Q_1}{T_1}+\dfrac{Q_2}{T_2}=0$ ……②′ が成り立つことを基にして，これから，より一般的な準静的なサイクルについても考えてみよう。

(I) 図2(i)に，pV図において，まず2つのカルノー・サイクル

$$\begin{cases}(ア)\ A_1 \to B_1 \to C_1 \to D_1 \to A_1 \ と\\ (イ)\ A_2 \to B_2 \to C_2 \to D_2 \to A_2 \ とを\end{cases}$$

B_1, D_2 間が重なるように組み合わせたサイクル，$A_1 \to B_1 \to A_2 \cdots \to D_1 \to A_1$ を考えてみよう。

温度 T_1, T_2, T_3, T_4 の4つの等温過程に対して，それぞれ熱の出入りとして Q_1, Q_2, Q_3, Q_4 があるものとすると，単独のカルノー・サイクルのときと同様に，

$$\underbrace{\dfrac{Q_1}{T_1}+\dfrac{Q_2}{T_2}}_{(ア)\ 0}+\underbrace{\dfrac{Q_3}{T_3}+\dfrac{Q_4}{T_4}}_{(イ)\ 0}=0 \ \cdots\cdots ③$$

の成り立つことが分かると思う。

図2 カルノー・サイクルの一般化
(i) 2つのカルノー・サイクルの組み合わせ

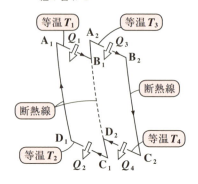

(II) 次に，図2(ii)のように，複数 $\left(\dfrac{n}{2}個\right)$ のカルノー・サイクルが組み合わされた準静的なサイクルについて考える。各等温過程に，1周にわたって，1からnまで番号を付け，k番目の等温過程(温度 T_k)に対して，熱の出入りとして Q_k があるものとすると，③をさらに一般化して，

$$\dfrac{Q_1}{T_1}+\dfrac{Q_2}{T_2}+\cdots+\dfrac{Q_n}{T_n}=0, \ すなわち，$$

$\sum\limits_{k=1}^{n}\dfrac{Q_k}{T_k}=0$ ……④ が成り立つ事も分かる。

(ii) 複数のカルノー・サイクルの組み合わせ

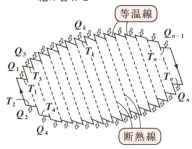

(iii) 任意の準静的サイクル

周回経路 C

(Ⅲ) さらに，この n を $n \to \infty$ として，細分化したカルノー・サイクルの組み合わせを考えることにすると，図 2(ⅲ) のような任意の準静的サイクルについても④が成り立つことが分かるはずだ。すなわち，

④の両辺に $n \to \infty$ の極限をとると，
$$\lim_{n \to \infty} \sum_{k=1}^{n} \frac{Q_k}{T_k} = 0 \text{ となる。}$$

> この極限では，T_k はある有限な変数 T となるものとし，$Q_k \to 0$ となるはずなので，これを $d'Q$ とおく。
> また，$\sum$ 記号は，Q で一周線積分を表す $\oint_C$（インテグラル）に変化するんだね。

よって，これは，

$$\oint_C \frac{d'Q}{T} = 0 \quad \cdots\cdots ⑤ \text{ と表すことができる。}$$

> ⑤の左辺は，pV 図の周回経路 C に沿って $\frac{1}{T}$ を Q で 1 周分積分するという意味。Q は状態量ではないので，dQ ではなく，$d'Q$ と表した。

● エントロピーは，積分経路によらずに求められる！

それでは，$\oint_C \frac{d'Q}{T} = 0 \quad \cdots\cdots ⑤$ を基にして，エントロピーを定義してみよう。

図 3 に示すように，pV 図上に任意の準静的なサイクルを描き，その経路上に異なる 2 点 A, B をとってみよう。そして，
$$\begin{cases} A \to B \text{ の経路を } C_1, \\ B \to A \text{ の経路を } C_2 \text{ とおく。} \end{cases}$$
つまり，1 周の経路 C を $C = C_1 + C_2$ と 2 つに分割して考えてみるんだね。すると，⑤より，

図 3 エントロピーの定義

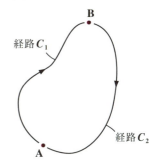

$$\oint_C \frac{d'Q}{T} = \boxed{\int_{A(C_1)}^{B} \frac{d'Q}{T} + \int_{B(C_2)}^{A} \frac{d'Q}{T} = 0}$$

となるのはいいね。これから，

$$\int_{A(C_1)}^{B} \frac{d'Q}{T} = -\int_{B(C_2)}^{A} \frac{d'Q}{T} \quad \cdots\cdots ⑥ \text{ となる。}$$

ここで，C_2 を逆に進む経路を $-C_2$ と表すことにすると，⑥ より，

$$\int_{A(C_1)}^{B} \frac{d'Q}{T} = -\int_{B(C_2)}^{A} \frac{d'Q}{T} = \int_{A(-C_2)}^{B} \frac{d'Q}{T} \cdots\cdots ⑦$$

となる。ということは，$A \to B$ の準静的な経路 C_1 や $-C_2$ は任意に選べるから，この積分は 2 点 A, B, すなわち (p_A, V_A) と (p_B, V_B) が決まれば，その値が確定するということなんだね。

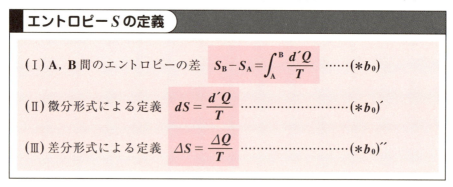

よって，⑦ は経路に関わらず，$\int_{A}^{B} \frac{d'Q}{T}$ と表すことができる。この定積分 $\int_{A}^{B} \frac{d'Q}{T}$ は，2 点 A, B における S の差のことなので，これを，$\int_{A}^{B} \frac{d'Q}{T} = S_B - S_A$ と表すことができるんだね。また，これを微分形式や差分形式で，$dS = \frac{d'Q}{T}$ や $\Delta S = \frac{\Delta Q}{T}$ と表すこともできる。

以上より，新たにエントロピー S を次のように定義することにしよう。

エントロピー S の定義

(I) A, B 間のエントロピーの差　$S_B - S_A = \int_{A}^{B} \frac{d'Q}{T}$ ……$(*b_0)$

(II) 微分形式による定義　$dS = \frac{d'Q}{T}$ ………………………$(*b_0)'$

(III) 差分形式による定義　$\Delta S = \frac{\Delta Q}{T}$ ………………………$(*b_0)''$

熱力学的には，これでエントロピーの定義がキチンとできたわけだけれど，エントロピーについてはよく，"乱雑さの尺度" とか "無秩序さの度合" と言われる。このことを，(III) のエントロピーの定義 $\Delta S = \frac{\Delta Q}{T}$ ……$(*b_0)''$ を使った面白いたとえ話として話しておこう。

ΔQ と T は，もちろん単位は異なるんだけれど，ここでは，いずれもお金の "円" で考えてみよう。T を預金通帳の残高とし，ΔQ をある日突然入って

●エントロピー

きた宝くじの臨時収入と考えよう。そして，エントロピーの変化分 ΔS は，心の乱れ具合と考えることにする。すると，たとえば，同じ臨時収入 $\Delta Q =$ 100万円が入ってきたとき，

（ⅰ）預金残高 $T =$ 千円の人の場合，100万円も入ってきたら，$\Delta S = \dfrac{100万}{千}$ $= \dfrac{10^6}{10^3} = 10^3 = 1000$ と大きな値となるので，文字通り心が千々に乱れて喜ぶことになるだろうね。これに対して，

（ⅱ）預金残高 $T =$ 10億円のお金持ちに，100万円の臨時収入が入ってきたとしても，$\Delta S = \dfrac{100万}{10億} = \dfrac{10^6}{10^9} = 10^{-3} = 0.001$ と小さな値になるので，特に気持ちに乱れはなく「あっ，そう…」で終わってしまうだろうね。

これで，少しはエントロピー S の意味についても，なじみを持ってもらえたかもね (^0^)!

　閑話休題，それでは，真面目に熱力学のエントロピー S の話に戻ろう。

　これまでに教えた状態量を復習しておくと，圧力 $p\,(\mathbf{Pa})$，体積 $V\,(\mathbf{m^3})$，絶対温度 $T\,(\mathbf{K})$ に加えて，内部エネルギー $U\,(\mathbf{J})$ とエンタルピー $H = U + pV\,(\mathbf{J})$ の5つだったんだね。

　そして，新たに6つ目の状態量として，エントロピー $S\,(\mathbf{J/K})$ が定義された

$$\Delta S = \frac{\Delta Q(\mathbf{J})}{T(\mathbf{K})} \text{より，} S \text{の単位は} (\mathbf{J/K}) \text{となる。}$$

わけだけれど，このエントロピー S の定義 $(*b_0)$，$(*b_0)'$，$(*b_0)''$ から分かるように，これは，その絶対値ではなく，あくまでも2つの状態の差として計算されるものであることに気を付けよう。だから，エントロピーは，力学におけるポテンシャル・エネルギーと同様だと考えていいんだね。

実は，熱力学第3法則では，$T = 0$ のとき $S = 0$ とするんだけれど，これは今は気にしなくていいよ。

ここで，6つの状態量，圧力 p，体積 V，温度 T，内部エネルギー U，エンタルピー H，そしてエントロピー S について，これらを示量変数と示強変数に分類すると，S は示量変数なので，

物質の量に比例する変数　物質の量と無関係な変数

$\begin{cases} \text{示量変数：} S,\ V,\ U,\ H \\ \text{示強変数：} p,\ T \end{cases}$ となることを，ここで覚えておこう。

S が示量変数であることは，**P141** の参考で示すね。

139

それでは，これから熱力学第 1 法則とエントロピーの定義式を連立させて，重要公式を導いてみよう。

$$\begin{cases} \text{熱力学第 1 法則}: d'Q = dU + pdV \ \cdots\cdots (*m)' \leftarrow \boxed{\text{P77 参照}} \\ \text{エントロピーの定義}: dS = \dfrac{d'Q}{T} \ \cdots\cdots\cdots (*b_0)' \end{cases}$$

$(*b_0)'$ より，$d'Q = TdS$　　これを $(*m)'$ に代入すると，重要公式：

$$\boxed{TdS = dU + pdV} \ \cdots\cdots (*c_0) \text{ が導けるんだね。}$$

$(*c_0)$ は，$dS = \dfrac{1}{T}(dU + pdV) \ \cdots\cdots (*c_0)'$ の形にして，これを不定積分すれ

ば，<u>積分定数を含む</u>がエントロピー S が求まる。また，これを $\mathbf{A} \rightarrow \mathbf{B}$ の準静
　　　　　　$\boxed{S \text{の絶対値は決まらないので，当然，積分定数が付く。}}$

的変化の経路に沿って積分すれば，エントロピーの差 $S_B - S_A$ が具体的に求まるんだね。

　しかし，実際のエントロピーの差の計算を行う場合，出発点 $\mathbf{A}$ と終点 $\mathbf{B}$ が決まっていれば，その途中の経路に関わりなく $S_B - S_A$ を求めることができる。そのためには，予め $(*c_0)'$ の不定積分を求めて，公式として覚えておくと便利なんだね。これから，理想気体の場合の $(*c_0)'$ の不定積分を求めて，S の公式を導いてみよう。

● 理想気体のエントロピー S の公式を導こう！

　それでは，$n\,\text{(mol)}$ の理想気体について，公式：

$$dS = \frac{1}{T}\underset{\boxed{nC_V dT}}{(\underline{dU}} + \underset{\boxed{\frac{nRT}{V}}}{\underline{pdV})} \ \cdots\cdots (*c_0)' \quad \boxed{(*e), (*o)'' \text{ より}}$$

$\boxed{\begin{array}{l} \text{理想気体の公式} \\ \cdot pV = nRT \ \cdots\cdots\cdots\cdots (*e) \\ \cdot dU = nC_V dT \ \cdots\cdots (*o)'' \\ \cdot C_p = C_V + R \ \cdots\cdots\cdots (*r) \\ \cdot \gamma = \dfrac{C_p}{C_V} \ \cdots\cdots\cdots\cdots (*s) \\ \cdot \text{ポアソンの関係式 (断熱変化)} \\ \begin{cases} TV^{\gamma-1} = (\text{一定}) \cdots\cdots (*t) \\ pV^{\gamma} = (\text{一定}) \cdots\cdots\cdots (*t)' \end{cases} \end{array}}$

の両辺を不定積分することにより，エントロピー S を，$S = S(T, V)$ の形で求めることができる。
　　　$\boxed{S \text{ が，} T \text{ と } V \text{ の関数という意味}}$

そして，これをさらに変形して，$S = S(p, V)$
　　　　　　　$\boxed{S \text{ が，} p \text{ と } V \text{ の関係式という意味}}$

の形で表すこともできる。例題を解きながら，解説していこう。

140

● エントロピー

例題 17 n モルの理想気体について,

公式：$dS = \dfrac{1}{T}(dU + pdV)$ ……$(*c_0)'$ を用いると,

エントロピー $S = S(T, V) = nC_V \log T + nR \log V + \alpha_1$ ……$(*)$

（α_1：積分定数）と表されることを示そう。

---

n モルの理想気体なので,

$dU = nC_V dT$ ……$(*o)'$ と $pV = nRT$ ……$(*e)$

$(*o)'$ と $(*e)$ を用いて $(*c_0)'$ を変形すると,

$$dS = \frac{1}{T}\left(\underbrace{nC_V dT}_{dU\,((*o)''\text{より})} + \underbrace{\frac{nRT}{V}dV}_{p\,((*e)\text{より})}\right)$$

$$\therefore dS = n\underbrace{C_V}_{\text{定数}} \frac{dT}{T} + n\underbrace{R}_{\text{定数}} \frac{dV}{V} \quad \cdots\cdots\text{①}$$

①の両辺を不定積分すると,

$$S = \int\left(nC_V \frac{dT}{T} + nR\frac{dV}{V}\right) = nC_V\int\frac{1}{T}dT + nR\int\frac{1}{V}dV$$

$$= nC_V \log T + nR\log V + \alpha_1$$

$$\therefore S = S(T, V) = nC_V \log T + nR\log V + \alpha_1 \quad \cdots\cdots(*)$$

"エントロピー S を, T と V の 2 つの状態変数の関数として表す" という意味

（α_1：積分定数）となって, $(*)$ が導けるんだね。

> **参考**
>
> $((*c_0)'$ の右辺$) = \dfrac{1}{T}(dU + pdV)$ は,
>
> $\dfrac{1}{(\text{示強})}(\underbrace{(\text{示量}) + (\text{示強}) \times (\text{示量})}_{(\text{示量})})$
>
> $= \dfrac{(\text{示量})}{(\text{示強})} = (\text{示量})$ となる。よって,
>
> dS は示量変数, すなわち, エントロピー S は示量変数になるんだね。

> 公式：
> $\int \dfrac{1}{x}dx = \log x + C$
> $(x > 0)$

　ただし, 公式として覚えるのに, $(*)$ の式は覚えづらいので, これをさらに, 次の例題で簡単にしてみよう。

例題 18 エントロピー $S = nC_V \log T + nR\log V + \alpha_1$ ……$(*)$ を変形して,

$S = nC_V \log TV^{\gamma-1} + \alpha_1$ ……$(*d_0)$ （α_1：定数）と,

$S = nC_V \log pV^{\gamma} + \alpha_2$ ………$(*d_0)'$ （α_2：定数）が導けることを示そう。

　どう？ $(*d_0)$ と $(*d_0)'$ の形であれば, ポアソンの関係式の $TV^{\gamma-1}$ や pV^{γ} の自然対数に nC_V をかけるだけなので, シンプルでとても覚えやすいでしょう？

141

$S = nC_V \log T + nR \log V + \alpha_1 \cdots\cdots (*)$　$(\alpha_1：定数)$ の,

右辺の 2 項から, まず nC_V をくくり出すと

$S = nC_V\left(\log T + \dfrac{R}{C_V}\log V\right) + \alpha_1$

> ・マイヤーの関係式
> $C_p = C_V + R \cdots\cdots (*r)$
> ・比熱比
> $\gamma = \dfrac{C_p}{C_V} \cdots\cdots\cdots\cdots (*s)$

$$\dfrac{C_p - C_V}{C_V} = \dfrac{C_p}{C_V} - 1 = \gamma - 1$$

$= nC_V\{\log T + (\gamma - 1)\log V\} + \alpha_1$

$\boxed{\log V^{\gamma-1}}$

$= nC_V(\log T + \log V^{\gamma-1}) + \alpha_1$

> 対数計算
> ・$\log x^p = p\log x$
> ・$\log x + \log y = \log xy$

$= nC_V \log T V^{\gamma-1} + \alpha_1$

以上より, エントロピー　$S = nC_V \log T V^{\gamma-1} + \alpha_1 \cdots\cdots (*d_0)$　$(\alpha_1：定数)$ が,

導けたんだね。

　次に, 理想気体の状態方程式：$pV = nRT \cdots\cdots (*e)$ を用いて, $(*d_0)$ をさらに

変形すると,

$S = nC_V \log T V^{\gamma-1} + \alpha_1$

$\boxed{\dfrac{pV}{nR} \ ((*e)より)}$

$= nC_V \log \dfrac{pV^{\gamma}}{nR} + \alpha_1$

$\boxed{定数}$　$\boxed{定数}$

> 対数計算の公式：
> $\log \dfrac{y}{x} = \log y - \log x$

$= nC_V(\log pV^{\gamma} - \log nR) + \alpha_1$

$\boxed{定数}$　$\boxed{定数}$

$= nC_V \log pV^{\gamma} + \alpha_1 - nC_V \log nR$

$\boxed{これを, 新たな定数 \alpha_2 とおく。}$

ここで, 定数 $\alpha_2 = \alpha_1 - nC_V \log nR$ とおくと,

エントロピー　$S = nC_V \log pV^{\gamma} + \alpha_2 \cdots\cdots (*d_0)'$　$(\alpha_2：定数)$ も導けるんだね。

ここで, $(*d_0)$, $(*d_0)'$ いずれも, 定数 α_1, α_2 を除けば, $S = n \times (\cdots)$ の形を

している。つまり, モル数 n に比例して S の大きさが変化するわけだから,

エントロピー S が示量変数であることが, これからも分かるんだね。

142

● エントロピー

もう一度，このエントロピーの計算公式を下に列記しておこう。

エントロピーの計算公式

理想気体のエントロピーの計算公式は，

（ⅰ）$S = S(T, V) = nC_V \log TV^{\gamma-1} + \alpha_1$ ……$(*d_0)$　　（α_1：定数）

（ⅱ）$S = S(p, V) = nC_V \log pV^{\gamma} + \alpha_2$ ………$(*d_0)'$　　（α_2：定数）

右図に示すように，pV図上に2点 $A(p_A, V_A)$，$B(p_B, V_B)$ があるとき，<u>$A \to B$</u> への変化による

> この経路は何でも構わない。さらに，不可逆過程であっても構わないので，点線で示した。

エントロピーの変化分 ΔS を公式 $(*d_0)'$ を使って求めると，

$\Delta S = S_B - S_A$

$= nC_V \log p_B V_B^{\gamma} + \cancel{\alpha_2} - (nC_V \log p_A V_A^{\gamma} + \cancel{\alpha_2}) = nC_V(\log p_B V_B^{\gamma} - \log p_A V_A^{\gamma})$

$= nC_V \log \dfrac{p_B V_B^{\gamma}}{p_A V_A^{\gamma}}$ となるので，定積分の計算と同じで，定数 α_2 は打ち消し

合って消去される。よって，実際にエントロピーの差を求めるのに，$(*d_0)$ と $(*d_0)'$ の定数 α_1, α_2 は考慮する必要のない不要なものなんだ。これで，さらに公式がシンプルに覚えやすくなったんだね。

次に，<u>$A \to B$ が準静的断熱変化である場合</u>，$p_A V_A^{\gamma} = p_B V_B^{\gamma} =$（一定）となるので，

> $A \to B$ の変化は，本当は準静的変化でなくても構わない。2点 A，B の状態がポアソンの関係式 $p_A V_A^{\gamma} = p_B V_B^{\gamma}$ をみたす，つまり，準静的断熱変化を表す曲線 $pV^{\gamma} =$（一定）の上に2点 (p_A, V_A) と (p_B, V_B) として存在すれば，同じエントロピーの変化分 $\Delta S = S_B - S_A$ が計算されることになるからなんだね。

このときのエントロピーの変化分 $\Delta S = S_B - S_A$ は，$(*d_0)'$ を用いて，

$\Delta S = S_B - S_A = nC_V \log p_B V_B^{\gamma} - nC_V \log \underbrace{p_A V_A^{\gamma}}_{\boxed{p_B V_B^{\gamma}}} = nC_V \log \underbrace{\dfrac{p_B V_B^{\gamma}}{p_B V_B^{\gamma}}}_{\boxed{\log 1 = 0}} = nC_V \cdot 0$ より，

$\Delta S = 0$ となって，エントロピーは変化しないことが分かった。これは，準静的断熱変化では，$\Delta Q = 0$ より，$\Delta S = \dfrac{\Delta Q}{T} = \dfrac{0}{T} = 0$ となることと，一致しているんだね。

143

それでは，次の例題で実際にエントロピーの変化分を求めてみよう。

例題 19　5(mol)の単原子分子理想気体の作業物質が，右図のような3つの状態 A，B，C を A→B→C→A の順に1周する循環過程がある。
（ⅰ）A→B：$T=1444(K)$ の等温過程
（ⅱ）B→C：$p=0.3\times10^5(Pa)$ の定圧過程
（ⅲ）C→A：$V=0.5(m^3)$ の定積過程である。また，C における温度 T は $T=360(K)$ である。この（ⅰ），（ⅱ），（ⅲ）の3つの過程におけるエントロピー S の変化分（ⅰ）$\Delta S_{AB}=S_B-S_A$，（ⅱ）$\Delta S_{BC}=S_C-S_B$，（ⅲ）$\Delta S_{CA}=S_A-S_C$ を求めよう。（ただし，いずれも小数第2位を四捨五入して求めよう。）

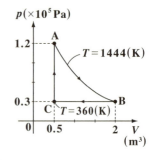

エントロピーの変化分は，エントロピーの公式：$S=nC_V\log TV^{\gamma-1}$ ……（$*d_0$）や $S=nC_V\log pV^{\gamma}$ ………（$*d_0$）′ を使って求めればいいんだね。

この例題の設定条件は，演習問題5（P80）とほとんど同じなんだけれど，C_V や $\gamma\left(=\dfrac{C_p}{C_V}\right)$ を決定するために，単原子分子の理想気体の条件が加わっているんだね。これから，$C_V=\dfrac{3}{2}R$　$\left(C_p=\dfrac{5}{2}R\right)$，$\gamma=\dfrac{5}{3}$　（気体定数 $R=8.31$ (J/mol K)）となるんだね。

3点 A，B，C における圧力 p，体積 V，温度 T の値の組を示すと，

$A(p_A,\ V_A,\ T_A)=(1.2\times10^5(Pa),\ 0.5(m^3),\ 1444(K))$
$B(p_B,\ V_B,\ T_B)=(0.3\times10^5(Pa),\ 2(m^3),\ 1444(K))$
$C(p_C,\ V_C,\ T_C)=(0.3\times10^5(Pa),\ 0.5(m^3),\ 360(K))$　となる。

（ⅰ）等温過程：A→B におけるエントロピーの変化分 $\Delta S_{AB}(=S_B-S_A)$ を公式（$*d_0$）を用いて求めると，

$$\Delta S_{AB}=S_B-S_A=n\,C_V\log T_B\cdot V_B^{\gamma-1}-n\,C_V\log T_A\cdot V_A^{\gamma-1}$$ より，

（下線部の値：$n=5$，$C_V=\dfrac{3}{2}R$，$T_B=1444$，$V_B^{\gamma-1}=2^{\frac{2}{3}}$，$n=5$，$C_V=\dfrac{3}{2}R$，$T_A=1444$，$V_A^{\gamma-1}=0.5^{\frac{2}{3}}$）

● エントロピー

$$\Delta S_{AB} = \frac{15}{2}R \cdot \log \frac{1444 \times 2^{\frac{2}{3}}}{1444 \times \left(\frac{1}{2}\right)^{\frac{2}{3}}} = \frac{15}{2}R \cdot \log \left(\frac{2}{\frac{1}{2}}\right)^{\frac{2}{3}} = \frac{15}{2}R\log 4^{\frac{2}{3}}$$

$$= \frac{15}{2}R \times \frac{4}{3}\log 2 = \underset{\boxed{8.31}}{10R} \cdot \underset{\boxed{0.69314\cdots}}{\log 2} = 57.600\cdots = 57.6\,(\text{J/K})\ \text{となる}_{\circ}$$

(ⅱ) 定圧過程：$\mathbf{B} \rightarrow \mathbf{C}$ におけるエントロピーの変化分 $\Delta S_{BC}(= S_C - S_B)$ を公式 $(*d_0)'$ を用いて求めよう。

$$\Delta S_{BC} = S_C - S_B = nC_V\log p_C V_C^{\gamma} - nC_V\log p_B V_B^{\gamma}$$

$$= \underset{\boxed{5}}{n}\,\underset{\boxed{\frac{3}{2}R}}{C_V}\log \frac{p_C V_C^{\gamma}}{p_B V_B^{\gamma}} = 5 \times \frac{3}{2}R\log \left(\frac{0.5}{2}\right)^{\frac{5}{3}} \qquad (\because p_C = p_B = 0.3 \times 10^5)$$

$$= \frac{15}{2}R\log \left(\frac{1}{4}\right)^{\frac{5}{3}} = \frac{15}{2}R \cdot \left(-\frac{10}{3}\right)\log 2 = \underset{\boxed{8.31}}{-25R}\,\underset{\boxed{0.69314\cdots}}{\log 2}$$

$$\underset{\boxed{\log(4^{-1})^{\frac{5}{3}} = \log 2^{-\frac{10}{3}} = -\frac{10}{3}\log 2}}{}$$

$$= -144.001\cdots = -144.0\,(\text{J/K})\ \text{となるんだね}_{\circ}$$

(ⅲ) 定積過程：$\mathbf{C} \rightarrow \mathbf{A}$ におけるエントロピーの変化分 $\Delta S_{CA}(= S_A - S_C)$ を公式 $(*d_0)'$ を用いて求めると，

$$\Delta S_{CA} = S_A - S_C = nC_V\log p_A V_A^{\gamma} - nC_V\log p_C V_C^{\gamma}$$

$$= \underset{\boxed{5}}{n} \cdot \underset{\boxed{\frac{3}{2}R}}{C_V} \cdot \log \frac{p_A V_A^{\gamma}}{p_C V_C^{\gamma}} = \frac{15}{2}R\log \underset{\boxed{\log 4 = \log 2^2 = 2\log 2}}{\frac{1.2 \times 10^5}{0.3 \times 10^5}} = \frac{15}{2}R \times 2\log 2$$

$$= \underset{\boxed{8.31}}{15R}\,\underset{\boxed{0.69314\cdots}}{\log 2} = 86.4007\cdots \fallingdotseq 86.4\,(\text{J/K})\ \text{となって，答えだ}_{\circ}$$

ここで，(ⅰ) $\Delta S_{AB} = 57.6\,(\text{J/K})$，(ⅱ) $\Delta S_{BC} = -144.0\,(\text{J/K})$，(ⅲ) $\Delta S_{CA} = 86.4$ (J/K) の総和を ΔS とおくと，$\Delta S = \Delta S_{AB} + \Delta S_{BC} + \Delta S_{CA} = 57.6 - 144.0 + 86.4$ $= 0$ となって，1 サイクル回って，$\mathbf{A}$ から $\mathbf{A}$ に戻ると，エントロピー S は状態量より，当然 $\Delta S = S_A - S_A = 0$ になるんだね。

145

演習問題 9　●カルノー・サイクルとエントロピー●

左のpV図に示すように，A→B→C→D→Aで1周する，2(mol)の単原子分子理想気体を作業物質とするカルノー・サイクルがある。

(ⅰ) $T=T_2$ の等温過程：A→B
(ⅱ) 準静的断熱過程：B→C
(ⅲ) $T=T_1$ の等温過程：C→D
(ⅳ) 準静的断熱過程：D→A

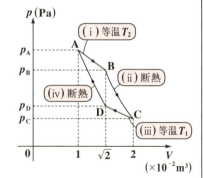

4点 A, B, C, D の (圧力(Pa), 体積(m^3), 温度(K)) を順に示すと，$(p_A, V_A, T_A) = (p_A, 10^{-2}, T_2)$, $(p_B, V_B, T_B) = (p_B, \sqrt{2} \times 10^{-2}, T_2)$, $(p_C, V_C, T_C) = (p_C, 2 \times 10^{-2}, T_1)$, $(p_D, V_D, T_D) = (p_D, \sqrt{2} \times 10^{-2}, T_1)$ である。
このとき，各4つの過程のエントロピーの変化分 (ⅰ) ΔS_{AB}, (ⅱ) ΔS_{BC}, (ⅲ) ΔS_{CD}, (ⅳ) ΔS_{DA} を求めよ。(ただし，小数第3位を四捨五入して求めよ。)

ヒント! $n=2$(mol)で単原子分子の理想気体より，定積モル比熱 $C_V = \dfrac{3}{2}R$, 比熱比 $\gamma = \dfrac{5}{3}$ となるんだね。(ⅱ)B→C と (ⅳ)D→A は断熱過程なので，熱の出入りはない。よって，エントロピーの変化分も **0** になることは，すぐに分かるはずだ。(ⅰ)と(ⅲ)の等温過程におけるエントロピーの変化分 ΔS_{AB} と ΔS_{CD} は，公式 $S = nC_V \log TV^{\gamma-1} + \alpha_1 \cdots\cdots(*d_0)$ を利用して求めよう。

解答＆解説

$n=2$(mol)の単原子分子理想気体の作業物質より，定積モル比熱 $C_V = \dfrac{3}{2}R$, 比熱比 $\gamma = \dfrac{C_p}{C_V} = \dfrac{5}{3}$ である。

(ⅰ) $T=T_2$ の等温過程：A→B におけるエントロピーの変化分 ΔS_{AB} は，公式 $(*d_0)$ を用いると，

公式： $S = nC_V \log TV^{\gamma-1} + \alpha_1 \cdots (*d_0)$

$$\Delta S_{AB} = S_B - S_A = \underbrace{nC_V}_{2 \times \frac{3}{2}R} \log \underbrace{T_B V_B^{\gamma-1}}_{T_2(\sqrt{2}\times 10^{-2})^{\frac{5}{3}-1}} - \underbrace{nC_V}_{3R} \log \underbrace{T_A V_A^{\gamma-1}}_{T_2(10^{-2})^{\frac{5}{3}-1}}$$

● エントロピー

$$\therefore \Delta S_{AB} = 3R\left\{\log T_2(\sqrt{2}\times 10^{-2})^{\frac{2}{3}} - \log T_2(10^{-2})^{\frac{2}{3}}\right\}$$

公式：$\log x - \log y = \log \dfrac{x}{y}$

$$= 3R\log \frac{T_2(\sqrt{2}\times 10^{-2})^{\frac{2}{3}}}{T_2(10^{-2})^{\frac{2}{3}}} = 3R\log\left(\frac{\sqrt{2}\times 10^{-2}}{10^{-2}}\right)^{\frac{2}{3}} = 3R\log\left(2^{\frac{1}{2}}\right)^{\frac{2}{3}}$$

$$= 3R\log 2^{\frac{1}{3}} = R\cdot\log 2 \fallingdotseq 5.76\,(\text{J/K})\ となる。 \cdots\cdots\cdots\cdots\cdots(答)$$

$\underbrace{\quad}_{8.31}$ $\underbrace{\quad}_{0.69314\cdots}$

(ii) 準静的断熱過程：**B→C** において，

熱の出入りはないので，$d'Q = 0$ となる。よって，エントロピーの変化分 ΔS_{BC} は，

$\Delta S_{BC} = 0\,(\text{J/K})$ である。$\cdots\cdots\cdots\cdots\cdots\cdots\cdots\cdots\cdots\cdots\cdots\cdots\cdots\cdots$(答)

(iii) $T = T_1$ の等温過程：**C→D** におけるエントロピーの変化分 ΔS_{CD} は，公式

$(*d_0)$ を用いると，

$$\Delta S_{CD} = S_D - S_C = \underbrace{nC_V}_{3R}\log \underbrace{T_D V_D^{\gamma-1}}_{T_1(\sqrt{2}\times 10^{-2})^{\frac{5}{3}-1}} - \underbrace{nC_V}_{3R}\log \underbrace{T_C V_C^{\gamma-1}}_{T_1(2\times 10^{-2})^{\frac{5}{3}-1}}$$

$$= 3R\left\{\log T_1(\sqrt{2}\times 10^{-2})^{\frac{2}{3}} - \log T_1(2\times 10^{-2})^{\frac{2}{3}}\right\}$$

$$= 3R\log \frac{T_1(\sqrt{2}\times 10^{-2})^{\frac{2}{3}}}{T_1(2\times 10^{-2})^{\frac{2}{3}}} = 3R\log\left(\frac{\sqrt{2}\times 10^{-2}}{2\times 10^{-2}}\right)^{\frac{2}{3}} = 3R\log\left(\frac{1}{\sqrt{2}}\right)^{\frac{2}{3}}$$

$$= 3R\log\left(2^{-\frac{1}{2}}\right)^{\frac{2}{3}} = 3R\log 2^{-\frac{1}{3}}$$

$$= -R\cdot\log 2 \fallingdotseq -5.76\,(\text{J/K})\ となる。 \cdots\cdots\cdots\cdots\cdots\cdots(答)$$

(iv) 準静的断熱過程：**D→A** において，

熱の出入りはないので，$d'Q = 0$ より，$dS = \dfrac{d'Q}{T} = 0$ となる。よって，エントロピーの変化分 ΔS_{DA} は，

$\Delta S_{DA} = 0\,(\text{J/K})$ である。$\cdots\cdots\cdots\cdots\cdots\cdots\cdots\cdots\cdots\cdots\cdots\cdots$(答)

参考

以上 (i), (ii), (iii), (iv) より，エントロピーの変化分の総和を ΔS とおくと，

$$\Delta S = \underbrace{\Delta S_{AB}}_{5.76} + \underbrace{\Delta S_{BC}}_{0} + \underbrace{\Delta S_{CD}}_{-5.76} + \underbrace{\Delta S_{DA}}_{0} = 5.76 - 5.76 = 0\,(\text{J/K})$$

となる。つまり，**A** から出発してカルノー・サイクルを 1 周して元の **A** に戻るとき，このエントロピーの変化分 ΔS は，当然 $\Delta S = 0$ となるはずで，上の結果は，それを裏付けているんだね。

147

§2. エントロピー増大の法則

それでは次に, 有名な"**エントロピー増大の法則**"について解説しよう。「エントロピーは限りなく増大する」という言葉を何度か聞いた方もいらっしゃると思う。ン？でも，前回の講義で扱ったカルノー・サイクルも含む循環過程では，エントロピーは増えたり，減ったり，常に増大なんかしていなかったって？確かにそうだったね。

では，どのような場合に，エントロピーは"常に増大する"と言えるのか？それは，「断熱された孤立系において，初めに何らかの束縛条件の下，熱平衡状態にあったものが，束縛が解除されたために変化が生じる」場合に，"**常にエントロピーが増大する**"向きに変化すると言えるんだね。

これだけでは何のことか？まだ，よく分からないだろうね。これから，具体的な例を出しながら詳しく解説していくから，楽しみながら学んでいこう。

● 断熱された孤立系のイメージを示そう！

エントロピー増大の法則の条件である，"断熱された孤立系において，初めに何らかの束縛条件の下，熱平衡状態にあったもの"のイメージとして，図1(ⅰ)にその例を示そう。断熱材で囲まれた容積 $3V_0$ の容器は，断熱された孤立系と考えることができる。そして，この容器に仕切りを設けて，容器を容積 V_0 と $2V_0$ の部分に分割し，容積 V_0 の方のみに温度 T_0 の $n(\mathbf{mol})$ の理想気体を入れ，$2V_0$ の方は

図1 断熱された孤立系の例

(ⅰ) 状態A
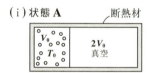

(ⅱ) 状態B
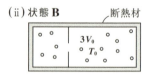

真空にしておく。このとき，容積 V_0 内の理想気体は，この部分にのみ閉じ込められているという束縛状態で，熱平衡状態にあるんだね。この状態を状態Aとしよう。

ここで，図1(ⅱ)に示すように，仕切りに穴をあけると，気体はその穴から

プシューと吹き出して，自由膨張し，容積 $3V_0$ の容器全体を満たし，やがては熱平衡状態に落ち着くはずだね。この状態を **B** とおく。

この場合，**A→B** への変化は可逆過程ではあり得ないことが分かるね。穴をあけた初めの状態では，気体は穴から吹き出して，渦を巻いたり乱れが生じるはずだから，準静的な可逆過程ではなく，不可逆過程になっている。しかし，たとえば，pV 上での **2** 点 **A**, **B** の状態が与えられれば，このエントロピーの差 $\Delta S = S_B - S_A$ が求められる，「この ΔS が常に正である」ということが，エントロピー増大の法則になるんだね。

これで，これから学んでいくエントロピー増大の法則のイメージをつかむことができたと思う。この法則を理論的に証明するには，可逆と不可逆を含む循環過程を考える必要があるんだね。これから解説しよう。

● まず，可逆循環過程を調べよう！

(I) 演習問題 **9**(**P146**) で学習した準静的で可逆なカルノー・サイクルにおいて，エントロピー S は，

$\begin{cases} (\mathrm{i}) 等温膨張のとき，増大し， \\ (\mathrm{ii}) 断熱膨張のとき，変化せず \\ (\mathrm{iii}) 等温圧縮のとき，減少し \\ (\mathrm{iv}) 断熱圧縮のとき，変化しない。 \end{cases}$

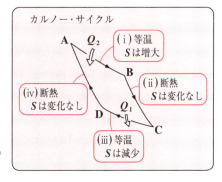

そして，エントロピーは状態量なので，**1** サイクル回って，元の **A** に戻ると，エントロピーの変化分 ΔS は **0** となって，保存されるんだったね。

よって，$\Delta S = \boxed{\dfrac{Q_1}{T_1} + \dfrac{Q_2}{T_2} = 0}$ より，$\dfrac{Q_1}{T_1} + \dfrac{Q_2}{T_2} = 0$ ……① が導けるんだね。

ここで，流出する熱量 Q_1 は，$Q_1 < 0$ として表されていることに注意しよう。

(II) では次に，このような可逆的な $\dfrac{n}{2}$ 個のカルノー・サイクルが組み合わされた

循環過程について考えてみよう。右図に示すように、点Aを出発してこのギザギザな循環過程を時計回りに1周して、元の点Aの状態に戻った場合、このときのエントロピーの変化分 ΔS もやはり同様に0として、保存されるんだね。よって、

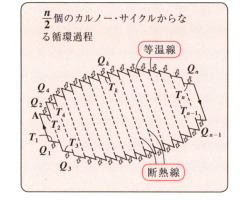

$\Delta S = \boxed{\sum_{k=1}^{n} \dfrac{Q_k}{T_k} = 0}$ より、

$\sum_{k=1}^{n} \dfrac{Q_k}{T_k} = 0$ ……② が導かれる。

(Ⅲ) ここで、さらに、②の n を $n \to \infty$ として、細分化したカルノー・サイクルを組み合わせると、もはやギザギザの要素はなくなり、右図に示すような任意の可逆な循環過程を表せるようになるはずだね。このとき、②の両辺の $n \to \infty$ の極限をとって、

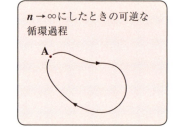

$\lim_{n \to \infty} \sum_{k=1}^{n} \dfrac{Q_k}{T_k} = 0$ となる。これは、

$Q_k \to d'Q$, $\sum_{k=1}^{n} \to \oint_C$ となるので、周回積分を使って、

$\oint_C \dfrac{d'Q}{T} = 0$ ……③ と表すことができるんだね。

以上(Ⅰ),(Ⅱ),(Ⅲ)より、可逆循環機関の公式として、

(ⅰ) $\dfrac{Q_1}{T_1} + \dfrac{Q_2}{T_2} = 0$ ……① (ⅱ) $\sum_{k=1}^{n} \dfrac{Q_k}{T_k} = 0$ ……②

(ⅲ) $\oint_C \dfrac{d'Q}{T} = 0$ ……③ が導かれるんだね。

では次、不可逆な循環機関についても調べてみよう。

● 次に,不可逆循環過程も調べてみよう!

それでは,現実的な不可逆機関においてはどうなるのか? これから調べてみよう。

図2に示すように,温度 T_2 の高熱源から熱量 Q_2 を取り出し,その1部を仕事 W に変え,残りの熱量 Q_1 を温度 T_1 の低熱源に放出する不可逆機関 C' があるものとしよう。

図2 不可逆機関

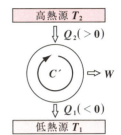

このとき,この不可逆機関 C' の熱効率 η' は当然,

$\eta' = 1 + \dfrac{Q_1}{Q_2}$ ……④ となるのは大丈夫だね。

$Q_1 < 0$ としているので,$\eta' = 1 - \dfrac{-Q_1}{Q_2} = 1 + \dfrac{Q_1}{Q_2}$ ……④ となる。

ここで,温度が一定の2つの熱源の間で働く可逆機関(カルノー・サイクル)の熱効率を η とおくと,2つの熱源の温度 T_1 と T_2 により,

$\eta = 1 - \dfrac{T_1}{T_2}$ ……⑤ (P107) となる。

これは,作業物質が理想気体のときに導いた式だけれど,本当は作業物質が何であっても成り立つ式なんだね。これについては,「熱力学キャンパス・ゼミ」でさらに学習するといいよ。

そして,$\eta' < \eta$ ……⑥ の不等式(P131)が成り立つので,④,⑤を⑥に代入すると,

$1 + \dfrac{Q_1}{Q_2} < 1 - \dfrac{T_1}{T_2}$ $\dfrac{Q_1}{Q_2} < -\dfrac{T_1}{T_2}$

この両辺に $\dfrac{Q_2}{T_1}$ (>0) をかけて,$\dfrac{Q_1}{T_1} < -\dfrac{Q_2}{T_2}$

∴ 不可逆機関では,$\dfrac{Q_1}{T_1} + \dfrac{Q_2}{T_2} < 0$ ……⑦ が導かれるんだね。

ここで,可逆機関の公式 $\dfrac{Q_1}{T_1} + \dfrac{Q_2}{T_2} = 0$ ……① の2つを併せたものが,

"クラウジウスの不等式"と呼ばれる次の不等式なんだね。

$$\frac{Q_1}{T_1} + \frac{Q_2}{T_2} \leqq 0 \quad \cdots\cdots (*e_0)$$

これは，(ⅰ)等号のときは，可逆機関を表し，そして，(ⅱ)不等号のときは，不可逆機関を表しているんだね。

ではまた，不可逆機関の解説に戻ろう。右図に示すように，$\frac{n}{2}$個の機関を組み合わせた循環過程の内，少なくとも1つが不可逆機関であるならば，

$$\sum_{k=1}^{n} \frac{Q_k}{T_k} < 0 \quad \cdots\cdots ⑧ \text{ が成り立つ。}$$

何故だか分かる？
たとえば，$n=50$のとき，$\frac{n}{2}=25$
個の機関の内，1から24番目までが可逆機関であり，25番目の最後の1つのみが不可逆機関とすると，

$$\sum_{k=1}^{50} \frac{Q_k}{T_k} = \underbrace{\frac{Q_1}{T_1} + \frac{Q_2}{T_2}}_{⓪} + \underbrace{\frac{Q_3}{T_3} + \frac{Q_4}{T_4}}_{⓪} + \cdots + \underbrace{\frac{Q_{47}}{T_{47}} + \frac{Q_{48}}{T_{48}}}_{⓪} + \underbrace{\frac{Q_{49}}{T_{49}} + \frac{Q_{50}}{T_{50}}}_{\text{これのみ}\ominus} < 0$$

（1～24番目の機関は可逆機関だからね。）
（25番目の機関のみ不可逆機関だから）

となるからなんだね。したがって，⑧が成り立つためには，$\frac{n}{2}$個すべての機関が不可逆機関である必要はなく，この内少なくとも1つだけが不可逆機関であればいいんだね。

したがって，さらに⑧を $n \to \infty$ として，細分化すると，右図に示すように，その1部が不可逆過程であるような循環過程について，形式的に

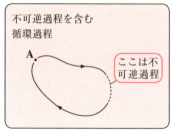

●エントロピー

$$\oint_C \frac{d'Q}{T} < 0 \quad \cdots\cdots ⑨ \quad と表すことができるんだね。$$

この⑨も，循環経路 C の内，その1部のみが不可逆過程であれば成り立つ式なんだね。もちろん，不可逆過程の部分は，pV 線図として表すことはできないので，点線で示している。

以上より，(Ⅰ)不可逆過程を含むサイクルと，(Ⅱ)可逆過程だけからなるサイクルの公式を，対比して下に示すね。

(Ⅰ)不可逆過程を含むサイクル	(Ⅱ)可逆過程だけからなるサイクル
(ⅰ) $\dfrac{Q_1}{T_1} + \dfrac{Q_2}{T_2} < 0 \ \cdots\cdots ⑦$	(ⅰ) $\dfrac{Q_1}{T_1} + \dfrac{Q_2}{T_2} = 0 \ \cdots\cdots ①$
(ⅱ) $\displaystyle\sum_{k=1}^{n} \dfrac{Q_k}{T_k} < 0 \ \cdots\cdots ⑧$	(ⅱ) $\displaystyle\sum_{k=1}^{n} \dfrac{Q_k}{T_k} = 0 \ \cdots\cdots ②$
(ⅲ) $\displaystyle\oint_C \dfrac{d'Q}{T} < 0 \ \cdots\cdots ⑨$	(ⅲ) $\displaystyle\oint_C \dfrac{d'Q}{T} = 0 \ \cdots\cdots ③$

ここで，いくつか注意点を指摘しておこう。(Ⅱ)の可逆サイクルの場合，(Ⅱ)の(ⅰ)，(ⅱ)，(ⅲ)の温度 T (または T_1, T_2, T_k) は系そのものの温度を表す。しかし，(Ⅰ)のサイクルの中で不可逆過程の場合，温度 T (または T_1, T_2, T_k) は外部の熱源の温度になるんだね。何故だか，分かる？
…，そうだね。不可逆過程においては，熱力学的な系(作業物質)が渦を描いていたり，乱れた状態になっていて，熱平衡状態ではないわけだから，この系のどの部分の温度で表現するべきか，分からないからなんだね。

また，(Ⅰ)の(ⅲ)の周回積分においても，不可逆過程では p も V も定義できないので，pV 図などに曲線や線分の経路を描くことはできない。したがって，曲線に沿った積分は不可能なんだね。だから，形式的に(ⅲ)の形で表現できるとしか言えないんだね。これで，すべて納得できたと思う。

以上で，理論的な準備も整ったので，これらの知識を基にして，いよいよ"エントロピー増大の法則"の証明に入ろう。

153

● エントロピー増大の法則をマスターしよう！

それでは，準備も整ったので，いよいよ"エントロピー増大の法則"について解説しよう。図3に示すように，pV図に不可逆過程と可逆過程からなるサイクルがあり，(i) A→B が不可逆過程，

図3 エントロピー増大の法則

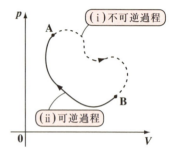

> 図中，破線で示した。もちろん，不可逆過程の場合，本当はその経路はまったく描けない。何故なら，AとBは熱平衡状態でも，その途中はそうではないため，pもVもTも定義できないからだ。だから，破線の経路はあくまでもイメージにすぎない。

(ii) B→A が可逆過程とする。

> 実線でその経路を示した。

そして，可逆過程の積分には(可)を，不可逆過程の積分には(不)を付けて表すことにすると，この(i)と(ii)を併せたサイクル，すなわち，不可逆過程を含むサイクルなので，$\oint_C \frac{d'Q}{T} < 0$ が成り立つんだね。よって，

$$\oint_C \frac{d'Q}{T} = \int_{A(\text{不})}^{B} \frac{d'Q}{T} + \int_{B(\text{可})}^{A} \frac{d'Q}{T} < 0 \quad \cdots\cdots (a) \quad となる。$$

ここで，(ii) 可逆過程における積分 $\int_{B(\text{可})}^{A} \frac{d'Q}{T}$ は，実線の経路に従って積分を行うことができるので，

$$\int_{B(\text{可})}^{A} \frac{d'Q}{T} = S_A - S_B \quad \cdots\cdots (b) \quad となる。$$

この (b) を (a) に代入すると，

$$\int_{A(\text{不})}^{B} \frac{d'Q}{T} + S_A - S_B < 0 \quad となり，これから次の公式：$$

●エントロピー

> $d'Q$ は系 (作業物質) が受けとる (または放出する) 微小熱量のこと。(受けるとき$\oplus$，放出するとき$\ominus$)

$$S_B - S_A > \int_{A_{(\pi)}}^{B} \frac{d'Q}{T} \quad \cdots\cdots (*f_0) \quad \text{が導ける。}$$

> 不可逆過程より，この T は外部の熱源の温度のこと

ここで，$(*f_0)$ の微小変化については，当然，

$$dS > \frac{d'Q}{T} \quad \cdots\cdots (*f_0)' \quad \text{が成り立つ。これは，} (*f_0) \text{ の微分表示になっているん}$$

だね。

さァ，最後の総仕上げだ！ここで，この不可逆過程が断熱変化であったと

しよう。すると，$(*f_0)$ と $(*f_0)'$ の $d'Q$ は共に $d'Q = 0$ となり，

$(*f_0)$ は，$S_B - S_A > 0$ となるので，

$\therefore S_B > S_A \cdots\cdots (*g_0)$ が成り立つことが分かる。

$(*f_0)'$ は，$dS > 0 \cdots\cdots (*g_0)'$ となることが分かるんだね。

以上より，次の"**エントロピー増大の法則**"が導けるんだね。

■ エントロピー増大の法則

ある熱力学的系が，外部と断熱された孤立した系であるとき，その系に

不可逆変化が起こった場合，エントロピーは必ず増大する。

すなわち，A から B の状態へ，不可逆変化が起こると，必ず

$S_B > S_A \cdots\cdots (*g_0)$ となる。これを微分表示すると，

$dS > 0 \cdots\cdots (*g_0)'$ となる。

ン？まだ何のことなのかピンとこないって!? 当然の感想だと思う。これか

ら，さらに解説しよう。

これまで，(i)不可逆過程 $A \to B$ と，(ii)可逆過程 $B \to A$ を組み合わせた循

環過程 (サイクル) について解説してきたけれど，今回の解説の主役はあくま

でも，(i)の不可逆過程の方なんだ。そして，さらに，この不可逆過程が断

熱変化である場合について考えることにすると，

155

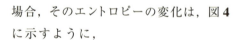
状態 A から状態 B に不可逆変化する

図4 エントロピー増大の法則

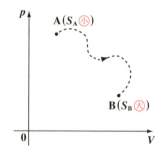

状態 A と B は共に熱平衡状態なんだけれど、その途中は違うので、その経路は pV 図などでは描けないため、点線で示した。

場合、そのエントロピーの変化は、図4 に示すように、

S_A ㊙ ⟶ S_B ㊛ へと、必ずエントロピーが増大する向きに起こる。つまり、

$\Delta S = S_B - S_A > 0$ となるというのが "**エントロピー増大の法則**" なんだね。大丈夫？

ン？でもまだ、疑問が残っているような顔だね。当ててみようか？おそらく断熱された孤立系で何故 A→B の変化が起こるのだろうか？という疑問でしょう？これについては、この節の講義の最初に、**P148** で解説している。つまり、次のようになるんだね。

(ⅰ) 初めに何らかの束縛条件の下で、孤立系 A が熱平衡状態に束縛されていたものとする。　⟷　初め、断熱された $3V_0$ の容積の容器の内仕切りにより、V_0 の容積の部分のみに $n(\text{mol})$ の理想気体が温度 T_0 の状態で閉じ込められていた。

(ⅱ) この束縛条件が解除されると、この孤立系はエントロピーが増大する向きに変化を開始し、B という熱平衡状態に達して変化を終了する。　⟷　仕切りに穴をあけると、気体はその穴から吹き出し、自由膨張して、やがて $3V_0$ の容器全体を一杯にみたして、変化を終了する。

この仕切りによって閉じ込められていた理想気体が、断熱状態で、仕切りに穴をあけることにより自由膨張する場合、当然初めに渦を巻いたり、乱れが生じるはずで、これは不可逆過程になる。よって、初めの閉じ込められた状態 A のエントロピーを S_A とおき、自由膨張して、やがて熱平衡状態 B に達したときのエントロピーを S_B とおくと、エントロピー増大の法則により、

$\Delta S = S_B - S_A > 0$ となるはずなんだね。この具体的な計算は例題 **20** でやることにしよう。

● エントロピー

このように, 断熱された孤立系に, 不可逆変化 A→B が生じたとき, エントロピーは増大するわけだね。これに対して, 同じ断熱された孤立系に, 可逆変化 A→B が生じた場合, どうなるかについても解説しておこう。

断熱された孤立系が可逆的に A→B に変化するということは, これは, 準静的断熱変化に他ならない。可逆変化とは, ゆっくりジワジワの準静的変化のことだからだ。

よって, この場合の孤立系の A と B の状態の圧力と体積をそれぞれ, (p_A, V_A), (p_B, V_B) とおくと, これらは右図に示すような準静的断熱変化の曲線 $pV^\gamma = (一定)$ 上の点となるので,

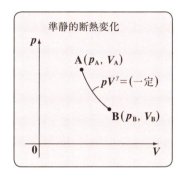

$p_A V_A^\gamma = p_B V_B^\gamma$ ……① (γ：比熱比) が成り立つ。

ここで, エントロピー S の計算公式 $S = nC_V \log pV^\gamma + \alpha_2$ ……$(*d_0)'$ (α_2：定数) を用いて, このときのエントロピーの変化分 $\Delta S = S_B - S_A$ を計算してみると,

$\Delta S = S_B - S_A = nC_V \log p_B V_B^\gamma - nC_V \log p_A V_A^\gamma = 0$ となって,

$\underbrace{}_{p_B V_B^\gamma\ (①より)}$

エントロピー S は変化しないことが分かるんだね。大丈夫？

よって, これから, 次のように覚えておくといい。

(I) 断熱された孤立系に対して,
・不可逆変化 A→B が生じるとき, $\Delta S > 0$ となって, エントロピーは増加する。
・A→B の変化が生じて, $\Delta S > 0$ のとき, この変化は不可逆変化である。

(II) 断熱された孤立系に対して,
・可逆変化 A→B が生じるとき, $\Delta S = 0$ となって, エントロピーは変化しない。
・A→B の変化が生じて, $\Delta S = 0$ のとき, この変化は可逆変化である。

どう？これで, 頭の中がスッキリ整理されたでしょう？後は, 実際に例題でエントロピー増大の法則を確かめてみよう。

例題 20　図（ⅰ）に示すように，断熱材で囲まれた容積 $3V_0$ の容器を仕切りで V_0 と $2V_0$ の容積に分割し，容積 V_0 の方にのみ温度 T_0 の n モルの理想気体を入れ，他方は真空にしておく。この状態を状態 A とする。

図（ⅰ）状態 A　　　断熱材

図（ⅱ）状態 B　　　断熱材

次に，図（ⅱ）に示すように，この仕切りに穴をあけると，気体は自由膨張して，容器全体を一様に満たした。この状態を状態 B とする。このとき，状態 A，B におけるエントロピーをそれぞれ S_A，S_B とおき，A→B の変化により増加したエントロピーの増分 $S_B - S_A$ を求めてみよう。

　まず，（ⅱ）の状態 B での気体温度が，（ⅰ）の状態 A での気体温度 T_0 と等しいことを示そう。

図（ⅰ）から図（ⅱ）への変化を見ると，まず断熱された状態での変化なので，熱の出入りはない。よって，$Q = 0$ だね。

一般に断熱膨張する場合，気体は外部に対して仕事を行うが，真空に対して気体が自由膨張する場合，仕事を行う対象が存在しない。つまり，"**のれんに腕押し**" 状態なので，仕事 W も $W = 0$ となる。

よって，熱平衡状態となった図（ⅰ）と図（ⅱ）を比較して熱力学第 1 法則で考えると，

$\underline{\Delta U} = Q - W = 0 - 0$ より，$\Delta T = 0$ となるので，図（ⅰ）の理想気体の温度 T_0 は
$\boxed{nC_V\Delta T}$

変化しないで保存される。よって，図（ⅱ）の状態の気体温度も T_0 となることが分かったんだね。

図（ⅰ）に示すように，初めに，仕切り板という束縛条件により，n モルの理想気体は，容積 V_0 の部屋に閉じ込められている。これが状態 A だね。そして，この仕切りに穴をあけることにより，束縛を解除された気体は，穴から噴出して，しばらく複雑な流れや渦が生ずるはずだ。しかし，それも時間の経過と共に納まり，容積 $3V_0$ の容器全体を一様に満たすことになる。この熱平衡

158

●エントロピー

に達した状態が状態 **B** なんだね。

したがって，**A**→**B** の変化は不可逆過程なので，エントロピーは増大する。

すなわち，$\Delta S = S_B - S_A > 0$ となるはずだね。この ΔS の値を実際に計算してみよう。

状態 **A** と **B** の $n(\text{mol})$ の理想気体の体積，温度をそれぞれ示すと，

$(V_A, T_A) = (V_0, T_0)$，$(V_B, T_B) = (3V_0, T_0)$ となる。

よって，エントロピー S の計算公式：$S = nC_V \log TV^{\gamma-1} + \alpha_1 \cdots\cdots (*d_0)$ (α_1：定数)

を用いて，**A** と **B** におけるエントロピー S_A，S_B を求めて，$\Delta S = S_B - S_A$ を求めると，

公式：$S = nC_V \log TV^{\gamma-1} + \alpha_1 \cdots (*d_0)$

$$\Delta S = S_B - S_A = nC_V \log \underbrace{T_0 \cdot (3V_0)^{\gamma-1}}_{T_B V_B^{\gamma-1}} - nC_V \log \underbrace{T_0 V_0^{\gamma-1}}_{T_A V_A^{\gamma-1}}$$

$$= nC_V \left\{ \log T_0 (3V_0)^{\gamma-1} - \log T_0 V_0^{\gamma-1} \right\}$$

対数計算の公式
$\cdot \log x - \log y = \log \dfrac{x}{y}$
$\cdot \log x^p = p \log x$

$$= nC_V \cdot \log \underbrace{\frac{T_0 (3V_0)^{\gamma-1}}{T_0 V_0^{\gamma-1}}}$$

$$\log \left(\frac{3V_0}{V_0}\right)^{\gamma-1} = \log 3^{\gamma-1} = (\gamma-1)\log 3$$

$$= nC_V (\gamma-1) \cdot \log 3$$

$$C_V \left(\frac{C_p}{C_V} - 1\right) = C_p - C_V = R$$

$\cdot \gamma = \dfrac{C_p}{C_V}$
$\cdot C_p = C_V + R$ （マイヤーの関係式）

∴ $\Delta S = nR \log 3 > 0$ となって，ナルホド，エントロピーが増大したことが分

かったんだね。逆に，$\Delta S > 0$ より，**A**→**B** の変化が不可逆変化であるということもできるんだね。納得いった？

別解

$(p_A, V_A) = (p_0, V_0)$ とおくと，$(p_B, V_B) = \left(\dfrac{1}{3}p_0, 3V_0\right)$ より，エントロピーの公式：

$S = nC_V \log pV^{\gamma} + \alpha_2 \cdots\cdots (*d)'$ (α_2：定数) を用いて，

$\Delta S = S_B - S_A = nC_V \log \dfrac{p_0}{3}(3V_0)^{\gamma} - nC_V \log p_0 V_0^{\gamma}$

$= nC_V \log \dfrac{\frac{p_0}{3}(3V_0)^{\gamma}}{p_0 V_0^{\gamma}} = nC_V \log \dfrac{1}{3} \times 3^{\gamma} = nC_V \log 3^{\gamma-1}$ として，求めても構わない。

159

演習問題 10　　●エントロピー増大の法則●

図(i)に示すように，断熱材で囲まれた容積 $2V_0(\text{m}^3)$ 容器を，熱をよく通す仕切りで2等分し，それぞれの容器に同種ではあるが，温度がそれぞれ $T_2 = 400(\text{K})$ (高温)と $T_0 = 200(\text{K})$ (低温)で異なる単原子分子理想気体を2モルずつ入れた。これらを入れた瞬間を状態 A とする。

図(i)状態 A

V_0 T_2(高温) (2モル)	V_0 T_0(低温) (2モル)

断熱材

次に，仕切りを通して，高温から低温に熱が移り，やがて2つの気体の温度は一定の $T_1 = 300(\text{K})$ (中温)になった。こ

図(ii)状態 B

V_0 T_1(同温) (2モル)	V_0 T_1(同温) (2モル)

断熱材

の熱平衡状態を状態 B とする。このとき，状態 A，B におけるエントロピーをそれぞれ S_A，S_B とおき，A→B の変化によるエントロピーの増分 $\Delta S = S_B - S_A$ を求めよ。（ただし，ΔS は小数第3位を四捨五入して求めよ。）

> **ヒント!** A→B の変化によるエントロピーの増加分 $\Delta S = S_B - S_A$ は，高温部と低温部の2つに場合分けして，(i)高温 $(T_2 = 400(\text{K}))$ →中温 $(T_1 = 300(\text{K}))$ の変化分を ΔS_1 とし，(ii)低温 $(T_0 = 200(\text{K}))$ →中温 $(T_1 = 300(\text{K}))$ の変化分を ΔS_2 として，これらの和として，$\Delta S = \Delta S_1 + \Delta S_2$ を求めればいいんだね。エントロピーは示量変数だから，このような計算が可能になるんだね。

解答&解説

断熱された2つの高温部 $(T_2 = 400(\text{K}))$ と低温部 $(T_0 = 200(\text{K}))$ に分かれた状態 A の孤立系が，仕切りを通して，熱の移動を行い，全体として，中温 $(T_1 = 300(\text{K}))$ となる状態 B に変化するとき，エントロピー S は増加する。この増分 $\Delta S = S_B - S_A$ を，A における(i)高温部と(ii)低温部に分けて，これらそれぞれのエントロピーの変化分を ΔS_1，ΔS_2 として，

$\Delta S = \Delta S_1 + \Delta S_2$ ……① として求める。

160

● エントロピー

(i) 高温部 $(T_2 = 400 (\mathrm{K})) \to$ 中温部 $(T_1 = 300 (\mathrm{K}))$ による

エントロピーの変化分 ΔS_1 を，エントロピーの計算公式：

$S = nC_V \log T V^{\gamma-1} + \alpha_1$ ……$(*d_0)$ を用いて求める。

$n = 2 (\mathrm{mol})$，$C_V = \dfrac{3}{2}R$ （R：気体定数），$V = V_0$（一定），$\gamma = \dfrac{5}{3}$（比熱比）より，

単原子分子理想気体の定積モル比熱 **(J/mol K)**

$\Delta S_1 = \underset{\boxed{n}}{2} \cdot \underset{\boxed{C_V}}{\dfrac{3}{2}R} \log \underset{\boxed{T_1}}{300} \cdot V_0^{\frac{2}{3}} - \underset{\boxed{n}}{2} \cdot \underset{\boxed{C_V}}{\dfrac{3}{2}R} \log \underset{\boxed{T_2}}{400} \cdot V_0^{\frac{2}{3}}$

対数の計算公式
$\log x - \log y = \log \dfrac{x}{y}$

$= 3R \left(\log 300 V_0^{\frac{2}{3}} - \log 400 V_0^{\frac{2}{3}} \right)$

これは⊖

$\therefore \Delta S_1 = 3R \log \dfrac{300 V_0^{\frac{2}{3}}}{400 V_0^{\frac{2}{3}}} = 3R \log \dfrac{3}{4}$ ……② となる。次に，

(ii) 低温部 $(T_0 = 200 (\mathrm{K})) \to$ 中温部 $(T_1 = 300 (\mathrm{K}))$ による

エントロピーの変化分 ΔS_2 を，公式 $(*d_0)$ を用いて同様に求めると，

$\Delta S_2 = \underset{\boxed{n}}{2} \cdot \underset{\boxed{C_V}}{\dfrac{3}{2}R} \cdot \log \underset{\boxed{T_1}}{300} \cdot V_0^{\frac{2}{3}} - \underset{\boxed{n}}{2} \cdot \underset{\boxed{C_V}}{\dfrac{3}{2}R} \cdot \log \underset{\boxed{T_0}}{200} \cdot V_0^{\frac{2}{3}}$

$= 3R \left(\log 300 V_0^{\frac{2}{3}} - \log 200 V_0^{\frac{2}{3}} \right)$

これは⊕

$\therefore \Delta S_2 = 3R \log \dfrac{300 V_0^{\frac{2}{3}}}{200 V_0^{\frac{2}{3}}} = 3R \log \dfrac{3}{2}$ ……③ となる。

以上 (i)，(ii) の②と③を①に代入して，**A→B** の変化によるエントロピーの

増分 ΔS を求めると，

$\Delta S = \Delta S_1 + \Delta S_2 = \underset{\text{⊖（②より）}}{3R \log \dfrac{3}{4}} + \underset{\text{⊕（③より）}}{3R \log \dfrac{3}{2}} = 3R \left(\log \dfrac{3}{4} + \log \dfrac{3}{2} \right)$

$\therefore \Delta S = 3R \log \left(\dfrac{3}{4} \times \dfrac{3}{2} \right) = 3 \underset{\boxed{8.31}}{R} \log \underset{\boxed{0.11778\cdots}}{\dfrac{9}{8}} = 2.936\cdots \fallingdotseq 2.94 (\mathrm{J/K})$ である。…(答)

トータルでは⊕となって
エントロピーが増大して
いることが分かる。

161

講義 5 ●エントロピー　公式エッセンス

1. エントロピー S の定義

（I）A, B 間のエントロピーの差：$S_B - S_A = \int_A^B \dfrac{d'Q}{T}$

（II）微分形式による定義：$dS = \dfrac{d'Q}{T}$

> （I）の積分は，A, B を結ぶ準静的変化に沿った積分であることに注意する。

2. $n(\text{mol})$ の気体について，$dS = \dfrac{1}{T}(dU + pdV)$

3. $n(\text{mol})$ の理想気体のエントロピー S

（i）$S = S(T, V) = nC_V \log TV^{\gamma-1} + \alpha_1$

（ii）$S = S(p, V) = nC_V \log pV^{\gamma} + \alpha_2$

> これより，準静的断熱変化のとき，$pV^{\gamma} = （一定）$から，エントロピー S も一定となる。

4. クラウジウスの不等式

$$\dfrac{Q_1}{T_1} + \dfrac{Q_2}{T_2} \leqq 0$$

> 等号のみが成立する可逆サイクルの場合，T_1, T_2 は，系そのものの温度を表すが，等号の付かない不可逆過程の場合，温度 T_1, T_2 は外部の熱源の温度になる。

5. エントロピー増大の法則

「ある熱力学的系が，外部と断熱された孤立した系であるとき，その系に不可逆変化が起こった場合，エントロピーは必ず増大する。すなわち，A から B の状態へ不可逆変化が起こると，必ず $S_B > S_A$ となる。これを微分表示すると，$dS > 0$ となる。」

6. エントロピーによる，可逆・不可逆の判定

ある熱力学的系が，外部と断熱された孤立系であるとき，この系の変化 $A \rightarrow B$ について，

（i）$A \rightarrow B$ が不可逆過程 $\Longleftrightarrow \Delta S = S_B - S_A > 0$

（ii）$A \rightarrow B$ が可逆過程 $\Longleftrightarrow \Delta S = S_B - S_A = 0$

162

講義 Lecture 6

熱力学的関係式

―― テーマ ――

▶ U と H の熱力学的関係式
$(dU = TdS - pdV, \ dH = TdS + Vdp)$

▶ 自由エネルギー
$(dF = -SdT - pdV, \ dG = -SdT + Vdp)$

▶ マクスウェルの関係式
$\left(\left(\dfrac{\partial T}{\partial V}\right)_S = -\left(\dfrac{\partial p}{\partial S}\right)_V, \ \left(\dfrac{\partial T}{\partial p}\right)_S = \left(\dfrac{\partial V}{\partial S}\right)_p \ \text{など} \right)$

§1. U と H の熱力学的関係式

さァ，これから，"**熱力学的関係式**" の解説に入ろう。これまで，**6**つの状態変数として，圧力 p，体積 V，温度 T，内部エネルギー U，エンタルピー H，そして，エントロピー S について解説してきたね。これらはもちろん互いに関連し合っている。**1**つの状態変数は，他の**2**つの状態変数の**2**変数関数として表すことができる。つまり熱力学的な関係があるんだね。

今回は特に，内部エネルギー U とエンタルピー H の全微分に着目し，これらが他の**2**つの状態量により，どのように表わされるのか調べてみよう。数学的には，**2**変数関数の偏微分と全微分の知識をフルに利用することになる。自信のない方は，もう**1**度 **P24** の "**2変数関数の微分**" の解説を読み返してみるといいと思う。

● 内部エネルギーの全微分 dU を求めてみよう！

これまで解説した，圧力 p，体積 V，温度 T，内部エネルギー U，エンタルピー H，そして，エントロピー S の**6**つの状態量は，次のように，示量変数と示強変数に分類されることは既に教えたね。**(P139)**

$$\begin{cases} \text{・示量変数}：S, \ V, \ U, \ H & \longleftarrow \boxed{\text{物質の量に比例する状態量}} \\ \text{・示強変数}：p, \ T & \longleftarrow \boxed{\text{物質の量とは無関係な状態量}} \end{cases}$$

ここで，微分形式の熱力学第**1**法則とエントロピーの定義を示すと，

$$\begin{cases} d'Q = dU + pdV \ \cdots\cdots (*m)' & \longleftarrow \boxed{\text{熱力学第1法則}} \\ dS = \dfrac{d'Q}{T} \ \cdots\cdots\cdots\cdots (*b_0)' & \longleftarrow \boxed{\text{エントロピーの定義式}} \end{cases} \quad となる。$$

これから，様々な熱力学的な関係式を導いていくんだけれど，すべての出発点が，この**2**つの公式 $(*m)'$ と $(*b_0)'$ なんだね。それではまず，これから，内部エネルギー U の全微分の公式を導いてみよう。

$(*b_0)'$ より，$d'Q = TdS$　　これを $(*m)'$ に代入すると，

$TdS = dU + pdV$　となる。

これから，内部エネルギー U の全微分 dU は，

$$dU = TdS - pdV \ \cdots\cdots (*h_0) \quad と表せる。$$

164

この $(*h_0)$ から，内部エネルギー U は S と V の関数，つまり $U = U(S, V)$ と表すことができるんだね。

ン？$(*h_0)$ の右辺は T と S と p と V の式で表されているのに，何で，U は，S と V の関数と言えるのかって？これについては x と y の2変数関数 $z = f(x, y)$

の全微分 dz の公式：$dz = \dfrac{\partial f}{\partial x}dx + \dfrac{\partial f}{\partial y}dy$ ……$(*)$ **(P27)** を思い出すといい。

この $(*)$ から，逆に，z は x と y の2変数関数 $z = f(x, y)$ で表されると言ってもいい。したがって，$(*h_0)$ も，U の全微分：

$$dU = \underbrace{\dfrac{\partial U}{\partial S}}_{\boxed{T}}dS + \underbrace{\dfrac{\partial U}{\partial V}}_{\boxed{-p}\;\leftarrow\;\boxed{(*h_0)\text{より}}}dV \;\cdots\cdots① \quad \text{の形をしていると考えて，} U \text{は} S \text{と} V \text{の関数}$$

$U = U(S, V)$ と表せると言ったんだね。大丈夫？

この $(*h_0)$ と①から，様々な熱力学的な関係式を導けるんだけれど，ここではまず，元の公式：$dU = TdS - pdV$ ……$(*h_0)$ を，様々な観点から調べてみよう。

(Ⅰ) 単位について調べると，

内部エネルギー dU の単位は $(\text{J})^{\text{ジュール}}$ だね。微小なエントロピー $dS = \dfrac{d'Q}{T}$ より，

この単位は (J/K) であり，これに温度 $T\,(\text{K})$ をかけた TdS の単位は，

$\left(\dfrac{\text{J}}{\text{K}} \times \text{K}\right) = (\text{J})$ となる。また，圧力 $p\,\underset{\boxed{\text{N/m}^2}}{(\text{Pa})}$ と微小な体積 $dV\,(\text{m}^3)$ の積 pdV

の単位も $\left(\text{Pa} \times \text{m}^3 = \dfrac{\text{N}}{\text{m}^2} \times \text{m}^3 = \text{N} \cdot \text{m} = \text{J}\right)$ となって，dU, TdS, pdV の

すべての単位が，エネルギー (または，仕事) の単位 (J) であることが分かるんだね。

> ここで，U と H は共に単位は (J) であること，そして，p, S, T, V の内の2組の積 TS と pV の単位が共に (J) になること，を頭に入れておこう。

(Ⅱ) 示強変数と示量変数について，

(示強変数)×(示量変数) = (示量変数) になることは大丈夫だね。

たとえば，1(mol)の系を2倍の2(mol)にしたとき，この両辺の (示量変数) のみが2倍となって共に等しくなるからだね。この観点から $(*h_0)$ をみてみると，

165

$$dU = T \cdot dS - p \cdot dV \cdots\cdots (*h_0)$$ は，

(示量)(示強)(示量)(示強)(示量)

(示量)(示量)

(示量変数)＝(示量変数)－(示量変数)の形になっていて，整合性がとれていることが分かると思う。つまり，(示量)＝(示強)－(示量)や(示強)＝(示量)－(示量)などの等式は，成り立たないんだね。

(III) $(*h_0)$ の公式の差分形式：$\underset{\uparrow}{\Delta U} = T \cdot \Delta S - p \cdot \Delta V \cdots\cdots (*h_0)'$ について，

> dU は，極限的に小さな数で，$dU = 0.000\cdots01(\text{J})$ のような数だけれど，ΔU は，$\Delta U = 0.001(\text{J})$ 程度の微小な数値だと考えてくれたらいい。dS と ΔS の関係，dV と ΔV の関係も同様だね。

(i)体積 V が一定の場合と，(ii)エントロピー S が一定の場合について調べてみよう。

(i)体積 V が一定の場合

V は定数で変化しないので，V の変化分 ΔV は当然 $\Delta V = 0$ となる。これを，$(*h_0)'$ に代入すると，$\Delta U = T\Delta S - p\underset{0}{\Delta V}$ より，

$\Delta U = T \cdot \Delta S$ となる。これから，準静的な定積過程では，

「エントロピーの変化分 ΔS に温度 T をかけたものが，内部エネルギーの変化分 ΔU に等しい」と言えるんだね。

注意

> 元の式として，$dS = \dfrac{d'Q}{T} \cdots\cdots (*b_0)'$ を用いているので，すべて準静的な可逆過程について考えていることになる。もし，不可逆過程であるならば，$dS > \dfrac{d'Q}{T} \cdots\cdots (*f_0)'$ (P155) となるからなんだね。

(ii)エントロピー S が一定の場合

S は定数で変化しないので，S の変化分 ΔS は当然 $\Delta S = 0$ となる。これを，$(*h_0)'$ に代入すると，$\Delta U = T \cdot \underset{0}{\Delta S} - p \cdot \Delta V$ より，

$\Delta U = -p \cdot \Delta V$ となる。これから，準静的なエントロピー一定の断熱過程では，

166

● 熱力学的関係式

「内部エネルギーは，気体が外部に対してした仕事の分だけ減少する」

と言えるんだね。

このように，dU の関係式：$dU = TdS - pdV$ ……$(*h_0)$ から様々なことが読み取れるんだね。では次の例題を解いてみよう。

例題 21　公式：$dU = TdS - pdV$ ……$(*h_0)$ を利用して，準静的定積過程においてエントロピー S が，$S_A = 19.01\,(\text{J/K})$ から $S_B = 19.04\,(\text{J/K})$ に変化したとき，内部エネルギー U がどれだけ変化するか調べよう。ただし，この間の温度 T は近似的に $T = 1000$ (K) で一定とする。

$(*h_0)$ の差分形式：$\Delta U = T\Delta S - p\Delta V$ ……$(*h_0)'$ を用いる。

準静的定積過程より $\Delta V = 0$　　これを $(*h_0)'$ に代入して，

$\Delta U = T \cdot \Delta S$ ……① となる。

ここで，$\Delta S = S_B - S_A = 19.04 - 19.01 = 0.03\,(\text{J/K})$ である。

この間，温度 T は，$T = 1000\,(\text{K})$（一定）であるので，①より，内部エネルギーは，$\Delta U = 1000 \times 0.03 = 30\,(\text{J})$ だけ増加することが分かるんだね。

では次，dU の 2 つの公式，$(*h_0)$ と P165 の①を列記しよう。

$$\begin{cases} dU = \underline{\underline{T}} \cdot dS - p \cdot dV \cdots\cdots\cdots\cdots\cdots (*h_0) \\ dU = \left(\dfrac{\partial U}{\partial S}\right)_V dS + \left(\dfrac{\partial U}{\partial V}\right)_S dV \cdots\cdots ① \end{cases}$$

関数 $U(S, V)$ の全微分の公式

第 1 項の偏微分で，U は S と V の関数と考えて，S で偏微分するとき，当然 V は定数として計算するわけだけれど，熱力学ではこれを強調して，V 一定の条件の下で U を S で偏微分することを $\left(\dfrac{\partial U}{\partial S}\right)_V$ と表すんだね。第 2 項の偏微分 $\left(\dfrac{\partial U}{\partial V}\right)_S$ も S 一定の条件の下で U を V で偏微分することを表している。

これから，右辺の dS と dV の項を比較して，2 つの公式：

$\left(\dfrac{\partial U}{\partial S}\right)_V = T$ ……$(*h_0)''$ と $\left(\dfrac{\partial U}{\partial V}\right)_S = -p$ ……$(*h_0)'''$ が，

導かれるんだね。

ではここで，偏微分の計算の基本公式である**"シュワルツの定理"**についても解説しておこう。

167

2変数関数 $f(x, y)$ について，x と y とで2階偏微分するとき，その偏微分する順序に関する定理が，次に示す"**シュワルツの定理**"なんだね。

$$dU = TdS - pdV \cdots\cdots (*h_0)$$
$$\left(\frac{\partial U}{\partial S}\right)_V = T \cdots\cdots\cdots\cdots (*h_0)''$$
$$\left(\frac{\partial U}{\partial V}\right)_S = -p \cdots\cdots\cdots (*h_0)'''$$

シュワルツの定理

2変数関数 $f(x, y)$ について，

$$\frac{\partial}{\partial y}\left(\frac{\partial f}{\partial x}\right) = \frac{\partial^2 f}{\partial y \partial x} \qquad と \qquad \frac{\partial}{\partial x}\left(\frac{\partial f}{\partial y}\right) = \frac{\partial^2 f}{\partial x \partial y}$$

f を x で偏微分したものをさらに y で偏微分する。

f を y で偏微分したものをさらに x で偏微分する。

が共に連続であるならば，

$$\frac{\partial^2 f}{\partial y \partial x} = \frac{\partial^2 f}{\partial x \partial y} \quad が成り立つ。$$

これを，**シュワルツの定理**という。

一般に，熱力学における2変数関数の状態量を，2つの変数で順番を変えて2階偏微分したものは，連続関数になると考えていいんだね。よって，シュワルツの定理は常に成り立つと思っていい。したがって，$(*h_0)''$ と $(*h_0)'''$ にシュワルツの定理を用いると，また新たな関係式を導くことができる。早速やってみよう。

それでは，$U = U(S, V)$ について，

(i) $\underline{\dfrac{\partial U}{\partial S}} = T \cdots\cdots (*h_0)''$ の両辺を，さらに V で偏微分すると，

U を S で偏微分するとき，V を定数とみて微分することは数学的には暗黙の了解事項なので，数学的には $\left(\dfrac{\partial U}{\partial S}\right)_V$ などと書く必要はないんだね。

$$\frac{\partial}{\partial V}\left(\frac{\partial U}{\partial S}\right) = \frac{\partial T}{\partial V} \qquad \therefore \frac{\partial^2 U}{\partial V \partial S} = \frac{\partial T}{\partial V} \cdots\cdots ② \quad となる。$$

● 熱力学的関係式

(ii) $\underline{\dfrac{\partial U}{\partial V} = -p}$ ……$(*h_0)'''$ の両辺を，さらに S で偏微分すると，

> これも，上記と同様に，数学的には，右下の添字 "S" は不要だ。

$$\frac{\partial}{\partial S}\left(\frac{\partial U}{\partial V}\right) = -\frac{\partial p}{\partial S} \qquad \therefore \frac{\partial^2 U}{\partial S \partial V} = -\frac{\partial p}{\partial S} \ \text{……③} \quad \text{となる。}$$

②，③について，シュワルツの定理 $\underline{\dfrac{\partial^2 U}{\partial V \partial S} = \dfrac{\partial^2 U}{\partial S \partial V}}$ が成り立つので，

$\dfrac{\partial T}{\partial V} = -\dfrac{\partial p}{\partial S}$，すなわち，

> 偏微分する順番を変えても等しい。

$$\left(\frac{\partial T}{\partial V}\right)_S = -\left(\frac{\partial p}{\partial S}\right)_V \ \text{……}(*i_0) \quad \text{が成り立つ。}$$

> 最後は，熱力学の表記法に従って，左辺は S 一定を，そして右辺は V 一定を示すために，それぞれ右下に "S" と "V" の添字を付けて表記した。

　この $(*i_0)$ は "**マクスウェルの関係式**" と呼ばれる熱力学的関係式の内の **1つ**なんだね。エッ!? 公式が多過ぎて，ウンザリするって!?…，その気持ちはよく分かるよ。この熱力学的関係式の講義を最初に受けた人の正直な感想だと思う。

　でも，すまないが，公式の列挙はまだまだ続くよ。だけど，それ程心配することもないんだ。何故なら，同様の似たような理論と解説の繰り返しになるからだ。だから，この後も沢山の公式が出てくるけれど，それらの導き方のパターンはほとんどみんな同じだから，慣れてくると，自然に自分で導けるようになるんだね。

　それに，"**マクスウェルの関係式**" は $(*i_0)$ を含めて，これから **4つ**教えることになるんだけれど，そのとっておきの覚え方についても伝授するので，楽しみにしてくれ。

　これまで，内部エネルギー U についての熱力学的関係式 $(*h_0)$，$(*h_0)''$，$(*h_0)'''$，$(*i_0)$ を導いたので，次は，エンタルピー $H = U + pV$ の熱力学的関係式を導いてみることにしよう。

169

● エンタルピー H の熱力学的関係式を求めよう！

内部エネルギー U の熱力学的関係式：

$$dU = TdS - pdV \cdots\cdots(*h_0)$$

は $U = U(S, V)$ と考えた U の全微分表示

$\boxed{U は，S と V の 2 変数関数}$

$\boxed{\begin{array}{l} 示量： \boxed{S, \ V} \quad \boxed{U, \ H} \\ 示強： \boxed{p, \ T} \qquad \boxed{従属変数} \\ \qquad \boxed{独立変数} \end{array}}$

だから，$(*h_0)$ の右辺の T や p も当然，S と V の 2 変数関数と考えるんだ。

そして，これから扱う熱力学的関係式は，上図のように $\underline{p，S，V，T}$ の内

$\boxed{\begin{array}{l} これは，\text{"}\textbf{ポークで，す ぶ た}\text{"}と覚えると忘れない！ \\ \quad (p) \qquad\quad (S)(V)(T) \end{array}}$

のいずれか 2 つが，他の状態量を表す独立変数になると覚えておくといい。

$\boxed{今の場合，U か H（これらは従属変数）}$

したがって，U の次はエンタルピー $H (= U + pV)$ **(P84)** の熱力学的関係式を求めてみることにしよう。

$H = U + pV \cdots\cdots(*p)$ の全微分をとると，

$$dH \quad = \quad \underline{dU} \quad + \quad \underline{d(pV)}$$

$\boxed{TdS - pdV \ ((*h_0) より)} \qquad \boxed{Vdp + pdV}$

$\boxed{\begin{array}{l} これは，積の微分公式： \\ (f \cdot g)' = f' \cdot g + f \cdot g' \\ と同様だ！ \end{array}}$

$$dH = TdS - p\cancel{dV} + Vdp + p\cancel{dV} \quad ((*h_0) より)$$

よって，エンタルピー H の熱力学的関係式：

$$\boxed{dH = TdS + Vdp} \cdots\cdots(*j_0) \ が導けたんだね。$$

$\boxed{\begin{array}{l}(示量)\\(単位(\textbf{J}))\end{array}}$ $\boxed{\begin{array}{l}(示強)\times(示量)\\=(示量)\\(単位(\textbf{J}))\end{array}}$ $\boxed{\begin{array}{l}(示量)\times(示強)\\=(示量)\\(単位(\textbf{J}))\end{array}}$

$\boxed{\begin{array}{l} (*j_0) が (示量変数) = (示量変数) + (示量変数) \\ になっていること，また，各項の単位がすべて \\ (\textbf{J}) であることを確認しよう。 \end{array}}$

$(*j_0)$ から，エンタルピー H は，S と p の関数，すなわち $H(S, p)$ であることが読みとれた？ そうだね。H が $H(S, p)$ のとき，この全微分 dH は，

$$dH = \frac{\partial H}{\partial S}dS + \frac{\partial H}{\partial p}dp \cdots\cdots① \ と表されるからなんだね。大丈夫？$$

ではまず，$(*j_0)$ を差分形式で表して，

$\Delta H = T\Delta S + V\Delta p \cdots\cdots(*j_0)'$ とおいて，（ⅰ）圧力 p が一定の場合と，（ⅱ）エントロピー S が一定の場合について調べてみよう。

170

● 熱力学的関係式

(ⅰ) 圧力 p が一定の場合

p は定数で変化しないので, p の変化分 Δp は, 当然 $\Delta p = 0$ となる。

これを $(*j_0)'$ に代入すると, $\Delta H = T \cdot \Delta S + V \cdot \underline{\Delta p}_{⓪}$ より,

$\Delta H = T \cdot \Delta S$ となる。これから,

準静的な定圧変化では,「エントロピーの変化分に温度をかけたものは, エンタルピーの変化分に等しい」と言えるんだね。次に,

(ⅱ) エントロピー S が一定の場合

S は定数で変化しないので, S の変化分 ΔS は, 当然 $\Delta S = 0$ となる。

これを $(*j_0)'$ に代入すると, $\Delta H = T \cdot \underline{\Delta S}_{⓪} + V \cdot \Delta p$ より,

$\Delta H = V \cdot \Delta p$ となるんだね。これから,

エントロピー一定, すなわち準静的 (可逆) 断熱過程では,「圧力の変化分に体積をかけたものは, エンタルピーの変化分に等しい」と言える。これは, 物理的なイメージはとらえにくいけれど, 式の上でこうなると理解しておけばいいと思う。

では, 次の例題で練習しておこう。

例題 22 公式：$dH = TdS + Vdp$ ……$(*j_0)$ を利用して,

準静的断熱過程において, 圧力 p が, $p_A = 100000 \, (\text{Pa})$ から $p_B = 100000.02 \, (\text{Pa})$ に変化した。このとき, エンタルピー H がどれだけ変化するか調べよう。ただし, この間の体積 V は近似的に $V = 2 \, (\text{m}^3)$ で一定であるとする。

$(*j_0)$ の差分形式：$\Delta H = T\Delta S + V\Delta p$ ……$(*j_0)'$ を用いる。

準静的断熱過程より $\Delta Q = 0$ よって, $\Delta S = \dfrac{\Delta Q}{T} = 0$ であり, これを $(*j_0)'$ に代入して,

$\Delta H = V \cdot \Delta p$ ……(a) となる。

ここで, $\Delta p = p_B - p_A = 100000.02 - 100000 = 0.02 \, (\text{Pa})$ である。

この間, 体積 V は, $V = 2 \, (\text{m}^3)$ (一定) であるので, (a) より, エンタルピー H は,

$\Delta H = 2 \times 0.02 = 0.04 \, (\text{J})$ だけ増加すると言えるんだね。大丈夫?

171

どう？　エンタルピー H の熱力学的関係式も，内部エネルギー U のときのものと解説がまったく同様だったでしょう？　では，次の例題で，H についての"マクスウェルの関係式"を導いてみよう。

例題 23　エンタルピー H の熱力学的関係式：

$$dH = TdS + Vdp \ \cdots\cdots (*j_0) \ を用いて，$$

次のマクスウェルの関係式：

$$\left(\frac{\partial T}{\partial p}\right)_S = \left(\frac{\partial V}{\partial S}\right)_p \ \cdots\cdots (*k_0) \ を導いてみよう。$$

エンタルピー $H = H(S, p)$ の全微分は，

$$dH = \left(\frac{\partial H}{\partial S}\right)_p dS + \left(\frac{\partial H}{\partial p}\right)_S dp \ \cdots\cdots ① \ より，$$

$\underset{(T)}{}$ $\underset{(V)}{}$

← 関数 $H(S, p)$ の全微分の公式

①と $(*j_0)$ とを比較して，

$$\left(\frac{\partial H}{\partial S}\right)_p = T \ \cdots\cdots (*j_0)'' \qquad \left(\frac{\partial H}{\partial p}\right)_S = V \ \cdots\cdots (*j_0)'''$$

（ i ）$\dfrac{\partial H}{\partial S} = T \ \cdots\cdots (*j_0)''$ の両辺をさらに p で偏微分して，

$$\frac{\partial}{\partial p}\left(\frac{\partial H}{\partial S}\right) = \frac{\partial T}{\partial p} \qquad \therefore \frac{\partial^2 H}{\partial p \partial S} = \frac{\partial T}{\partial p} \ \cdots\cdots ② \quad となる。$$

（ ii ）$\dfrac{\partial H}{\partial p} = V \ \cdots\cdots (*j_0)'''$ の両辺をさらに S で偏微分して，

$$\frac{\partial}{\partial S}\left(\frac{\partial H}{\partial p}\right) = \frac{\partial V}{\partial S} \qquad \therefore \frac{\partial^2 H}{\partial S \partial p} = \frac{\partial V}{\partial S} \ \cdots\cdots ③ \quad となる。$$

ここで，$\dfrac{\partial^2 H}{\partial p \partial S}$ と $\dfrac{\partial^2 H}{\partial S \partial p}$ は共に連続と考えると，シュワルツの定理より，

$$\frac{\partial^2 H}{\partial p \partial S} = \frac{\partial^2 H}{\partial S \partial p} \ \cdots\cdots ④ \quad が成り立つ。$$

以上②，③，④より，**4** つのマクスウェルの関係式の内の **1** つなんだけれど，

$$\left(\frac{\partial T}{\partial p}\right)_S = \left(\frac{\partial V}{\partial S}\right)_p \ \cdots\cdots (*k_0) \quad が導けるんだね。納得いった？$$

172

●熱力学的関係式

それでは，今回解説した，内部エネルギー U とエンタルピー H についての熱力学的関係式を下にまとめて示そう。

U と H の熱力学的関係式

（Ⅰ）内部エネルギー U について，次の関係式が成り立つ。

（ⅰ）$dU = TdS - pdV$ ………$(*h_0)$

（ⅱ）$\Delta U = T\Delta S - p\Delta V$ ……$(*h_0)'$

（ⅲ）$\left(\dfrac{\partial U}{\partial S}\right)_V = T$ ……$(*h_0)''$　　$\left(\dfrac{\partial U}{\partial V}\right)_S = -p$ ……$(*h_0)'''$

（ⅳ）$\left(\dfrac{\partial T}{\partial V}\right)_S = -\left(\dfrac{\partial p}{\partial S}\right)_V$ ……$(*i_0)$ ← マクスウェルの関係式

（Ⅱ）エンタルピー H について，次の関係式が成り立つ。

（ⅰ）$dH = TdS + Vdp$ ………$(*j_0)$

（ⅱ）$\Delta H = T\Delta S + V\Delta p$ ……$(*j_0)'$

（ⅲ）$\left(\dfrac{\partial H}{\partial S}\right)_p = T$ ……$(*j_0)''$　　$\left(\dfrac{\partial H}{\partial p}\right)_S = V$ ……$(*j_0)'''$

（ⅳ）$\left(\dfrac{\partial T}{\partial p}\right)_S = \left(\dfrac{\partial V}{\partial S}\right)_p$ ………$(*k_0)$ ← マクスウェルの関係式

今回の講義は，公式が多くて大変だと思うけれど，これらの公式はすべて，2つの公式：

$$\begin{cases} \cdot dU = TdS - pdV & \cdots\cdots(*h_0) \\ \cdot H = U + pV & \cdots\cdots\cdots\cdots(*p) \end{cases}$$

と，← これは，$dQ = dU + pdV$ と $dQ = TdS$ から導ける。

← エンタルピーの定義式

から導くことができるんだね。

だから，公式として覚えるというよりも，自分で導けるようになるまで反復練習することが大事なんだね。

でも，公式が沢山出てきて，本当に疲れたって？ 疲れたときは一休みして英気を養ってからまた再チャレンジしてくれたらいいんだよ。

次回の講義でも，まだまだ公式が出てくるんだけれど，今回の内容をよく復習して臨んでくれたら理解は速いと思う。

173

§2. 2つの自由エネルギー F と G

前回の講義では，内部エネルギー U とエンタルピー H について，それぞれの熱力学的関係式について解説したんだね。そして，今回の講義では，新たに2つの自由エネルギーを定義しよう。1つは，"**ヘルムホルツの自由エネルギー**" F で，もう1つは，"**ギブスの自由エネルギー**" G であり，これらはそれぞれ，$F = U - TS$，$G = H - TS$ で定義するんだね。

ヘルムホルツの自由エネルギー F は，気体がもつ内部エネルギーの内で仕事に代わり得る有効なエネルギーのことなんだね。また，ギブスの自由エネルギー G は，ファン・デル・ワールスの状態方程式の解説のところで紹介した"**マクスウェルの規則**"(P58)の証明に重要な役割を演じることになる。

最終講義で，確かにレベルは上がるけれど，また分かりやすく解説するので，最後まで楽しみながら学んでいこう！

● 2つの自由エネルギー F と G を定義しよう！

これまで解説してきた6つの状態変数に関する熱力学的関係式では，図1に示すように，内部エネルギー U とエンタルピー H を従属変数とし，他の4つの p，S，V，T を独立変数としたものについて解説したんだね。つまり，

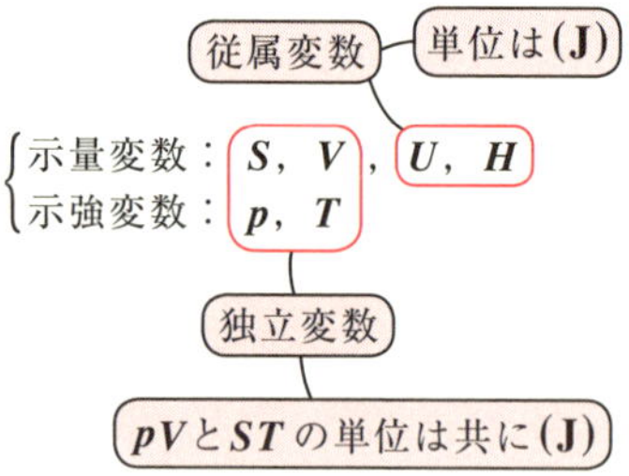

$$\begin{cases} 従属変数：U, \ H \\ 独立変数：\underline{p, \ S, \ V, \ T} \end{cases}$$

"ポーク(p)で，す(S)ぶ(V)た(T)"と覚えよう！

となるんだね。

ここで，U と $H(= U + pV)$，および TS と pV の4つが，エネルギー(熱量または仕事)の単位($\mathbf{J}$)で表されることも既に解説した。

図1 状態変数と熱力学的関係式

従属変数 ── 単位は($\mathbf{J}$)

示量変数：S, V, U, H
示強変数：p, T

独立変数

pV と ST の単位は共に($\mathbf{J}$)

●熱力学的関係式

この内，TS は，"束縛エネルギー"と呼ばれるもので，内部エネルギー U の中で，仕事にはならない無駄なエネルギーと考えることができるんだね。

これから，$U-TS$ を新たな状態量とし，これを "ヘルムホルツの自由エネルギー" F と呼ぶことにしよう。

同様に，エンタルピー H から，無駄な束縛エネルギー TS を引いたものを，"ギブスの自由エネルギー" G の定義とする。

それでは，この 2 つの自由エネルギー F と G の定義を下にまとめて示そう。

2つの自由エネルギー

(I) ヘルムホルツの自由エネルギー F は，次式で定義される。

$$F = U - TS \quad \cdots\cdots\cdots\cdots\cdots (*l_0)$$

(II) ギブスの自由エネルギー G は，次式で定義される。

$$G = H - TS = U + pV - TS \quad \cdots\cdots (*m_0)$$

これら 2 つの自由エネルギー F と G は，図 1 で示した U や H と同様に従属変数として扱われることになり，これらは p, S, V, T（ポークですぶた）の内の 2 つを独立変数にもつことになる。F と G が，どの 2 つの独立変数をもつのか？ それは，$(*l_0)$ より，F の全微分 dF と，$(*m_0)$ より，G の全微分 dG を実際に求めてみれば，明らかになるんだね。

それでは，次の例題で，dF と dG を共に求めてみよう。

例題 24 **(1)** ヘルムホルツの自由エネルギー F の定義式：

$$F = U - TS \quad \cdots\cdots (*l_0) \text{ から } F \text{ の全微分 } dF \text{ を求めよう。}$$

(2) ギブスの自由エネルギー G の定義式：

$$G = H - TS \quad \cdots\cdots (*m_0) \text{ から } G \text{ の全微分 } dG \text{ を求めよう。}$$

$\left(\text{ただし，} dU = TdS - pdV \cdots\cdots (*h_0) \text{ と } dH = TdS + Vdp \cdots\cdots (*j_0)\right)$
を用いてもよい。

---

(1) $(*l_0)$ より，ヘルムホルツの自由エネルギー F の全微分 dF を求めると，

$$dF = d(U - TS) = dU - \underline{d(TS)}$$

$$\underbrace{(SdT + TdS)} \leftarrow \boxed{\text{公式：}(fg)' = f'g + fg' \text{と同様}}$$

175

$$dF = \underline{dU} - (SdT + TdS)$$

$$\boxed{TdS - pdV \ ((*h_0)\text{より})}$$

$$\boxed{\begin{aligned} dU &= TdS - pdV \ \cdots\cdots (*h_0)\\ dH &= TdS + Vdp \ \cdots\cdots (*j_0)\\ F &= U - TS \ \cdots\cdots\cdots (*l_0)\\ G &= H - TS \ \cdots\cdots\cdots (*m_0) \end{aligned}}$$

$$= \cancel{TdS} - pdV - SdT - \cancel{TdS}$$

$$\therefore \ dF = -SdT - pdV \ \cdots\cdots (*n_0) \ \text{となる。} \leftarrow \boxed{F \text{は} T \text{と} V \text{の関数}}$$

(2) 次に，$G = H - TS \ \cdots\cdots (*m_0)$ より，ギブスの自由エネルギー G の全微分

$\boxed{\text{エンタルピー}}$ $\boxed{\text{束縛エネルギー}}$

dG を求めると，

$$dG = \underline{dH} - d(\underline{TS}) = TdS + Vdp - (SdT + \cancel{TdS})$$

$$\boxed{\begin{aligned} &TdS + Vdp\\ &((*j_0)\text{より}) \end{aligned}} \quad \boxed{(SdT + TdS)}$$

$$\boxed{\begin{aligned} G &\text{は} T \text{と} p \text{の}\\ &\text{関数} \end{aligned}}$$

$$\therefore \ dG = -SdT + Vdp \ \cdots\cdots (*o_0) \ \text{となるんだね。}$$

(1)，(2) の結果の $(*n_0)$ と $(*o_0)$ から，F は V と T の関数 $F(V, T)$ と表され，また，G は T と p の関数 $G(T, p)$ と表されることが分かったんだね。大丈夫？この $(*n_0)$ と $(*o_0)$ から，ヘルムホルツの自由エネルギー F とギブスの自由エネルギー G について，それぞれの熱力学的関係式を導くことができるんだね。U や H についての熱力学的関係式を導く手法とまったく同じなので，これからの解説も違和感なく理解できると思う。

● F の熱力学的関係式を求めよう！

ヘルムホルツの自由エネルギー F の基本となる熱力学的関係式：

$$dF = -SdT - pdV \ \cdots\cdots (*n_0)$$ を基にして，様々な公式が導けるんだね。

$$\boxed{\begin{aligned} &(\text{示量})\\ &(\text{単位}(\mathbf{J})) \end{aligned}} \quad \boxed{\begin{aligned} &(\text{示量})\times(\text{示強})\\ &=(\text{示量})\\ &(\text{単位}(\mathbf{J})) \end{aligned}} \quad \boxed{\begin{aligned} &(\text{示強})\times(\text{示量})\\ &=(\text{示量})\\ &(\text{単位}(\mathbf{J})) \end{aligned}}$$

$$\boxed{\begin{aligned} &(*n_0) \text{が}\\ &(\text{示量変数}) = -(\text{示量変数}) - (\text{示量変数})\\ &\text{の形なっていること，また，各項の単位が}\\ &\text{すべて}(\mathbf{J})\text{であることを確認しておこう。} \end{aligned}}$$

$(*n_0)$ から，ヘルムホルツの自由エネルギー F は，T と V の関数，すなわち，$F(T, V)$ であることが読み取れるんだね。何故なら，$F(T, V)$ の全微分は，

$$dF = \frac{\partial F}{\partial T}dT + \frac{\partial F}{\partial V}dV \ \cdots\cdots ① \ \text{になるからなんだね。}$$

176

●熱力学的関係式

ではここで，$(*n_0)$ を差分形式で表して，

$\Delta F = -S\Delta T - p\Delta V$ ……$(*n_0)'$ とおき，これから，(i) 体積 V が一定の場合と，(ii) 温度 T が一定の場合について調べてみよう。

(i) 体積 V が一定の場合

V は定数で変化しないので，V の変化分 ΔV は，当然 $\Delta V = 0$ となる。これを $(*n_0)'$ に代入すると，$\Delta F = -S\cdot\Delta T - \underset{\boxed{0}}{p\cdot\Delta V}$ より，

$\Delta F = -S\cdot\Delta T$ となる。これから，定積変化では，「温度の変化分にエントロピーをかけた分だけ，ヘルムホルツの自由エネルギー F は減少する」と言えるんだね。右辺に $\ominus$ が付いていることに注意しよう。

(ii) 温度 T が一定の場合

T は定数で変化しないので，T の変化分 ΔT は，当然 $\Delta T = 0$ となる。これを $(*n_0)'$ に代入すると，$\Delta F = -\underset{\boxed{0}}{S\cdot\Delta T} - p\cdot\Delta V$ より，

$\Delta F = -p\cdot\Delta V$ となるんだね。これから，等温変化では，「系が外部にした仕事分だけ，ヘルムホルツの自由エネルギー F は減少する」と言える。これも，右辺に $\ominus$ が付いていることに要注意だね。

これまでの解説はすべて可逆過程についてのものだったんだけれど，ここで可逆・不可逆を含めて，等温変化におけるヘルムホルツの自由エネルギー F と，系が外部になす仕事との関係をさらに考えてみよう。

熱力学第 1 法則より，$dU = d'Q - d'W$ ……② であり，また，可逆・不可逆の両過程を考慮に入れたエントロピーの式は，

$dS \geqq \dfrac{d'Q}{T}$ ……③ だね。 ←エントロピー増大の法則

可逆のとき等号，不可逆のとき不等号

③より，$TdS \geqq d'Q$ ……③′

②と③′より，$dU + d'W = d'Q \leqq TdS$

よって，$dU + d'W \leqq TdS$ より，

$dU - TdS \leqq -d'W$ ……④ となるんだね。ここで，

177

等温変化より，$dT = 0$ だね。よって，$S \cdot dT = 0$ なので，④の左辺から，この SdT を引いても構わないんだね。よって，

$$dU - TdS \leqq -d'W \cdots\cdots ④$$

④の左辺 $= dU - TdS - \underline{SdT} = dU - \underline{(TdS + SdT)}$

これは **0** だから，引いても変化しない。　$d(TS)$

$$= dU - d(TS) = d(U - TS) = \underline{dF} \cdots\cdots ⑤ \quad となる。$$

$F \ ((*l_0)$ より$)$

よって，⑤を④に代入すると，

$$dF \leqq -d'W$$

これは，pdV としてもいい。いずれにせよ，系が外部にする仕事だ。

$$\therefore -dF \geqq d'W \cdots\cdots ⑥$$

自由エネルギー　　　　系 (気体) が外部
の減少分　　　　　　　になす仕事

よって，⑥より，<u>等温過程</u>において，

$\begin{cases} (\,\text{i}\,) \text{可逆変化のとき，} -dF = d'W \text{ であり，} \\ (\,\text{ii}\,) \text{不可逆変化のとき，} -dF > d'W \text{ となるので，} \end{cases}$

系が外部になす仕事は，可逆変化のとき最大で，ヘルムホルツの自由エネルギーの減少分と等しいが，不可逆変化のときはこの減少分より少ない仕事しかできないことが分かったんだね。

　では次，ヘルムホルツの自由エネルギー $F(= U - TS)$ について，次の例題で，その熱力学的関係式を導いてみよう。もう，お決まりの手順だね。

例題 25　ヘルムホルツの自由エネルギー $F = U - TS$ について，

$dF = -SdT - pdV \cdots\cdots (*n_0)$ が成り立つことから，次の熱力学的関係式を導いてみよう。

$(1) \left(\dfrac{\partial F}{\partial T}\right)_V = -S \cdots\cdots (*n_0)'' \qquad \left(\dfrac{\partial F}{\partial V}\right)_T = -p \cdots\cdots (*n_0)'''$

$(2) \left(\dfrac{\partial S}{\partial V}\right)_T = \left(\dfrac{\partial p}{\partial T}\right)_V \cdots\cdots (*p_0)$ ← マクスウェルの関係式の一つ

178

● 熱力学的関係式

U や H のときと同様に変形すればいいだけだね。では，始めるよ。

(1) まず，$(*n_0)$ から，F は，T と V の関数，すなわち $F = F(T, V)$ であるこ

（S と p も）

とが分かるね。よって，F の全微分 dF を求めると，

$$dF = \left(\frac{\partial F}{\partial T}\right)_V dT + \left(\frac{\partial F}{\partial V}\right)_T dV \cdots\cdots ① \quad\leftarrow \boxed{\begin{array}{l} f(x, y) \text{ のとき，} \\ df = \dfrac{\partial f}{\partial x}dx + \dfrac{\partial f}{\partial y}dy \text{ だからね。}\end{array}}$$
$$\underset{-S}{\underline{}} \qquad \underset{-p}{\underline{}}$$

① と $(*n_0)$ を比較することにより，公式：

$\left(\dfrac{\partial F}{\partial T}\right)_V = -S \cdots\cdots (*n_0)''$ と，$\left(\dfrac{\partial F}{\partial V}\right)_T = -p \cdots\cdots (*n_0)'''$ が導ける。

(2) 次，$(*n_0)''$ と $(*n_0)'''$ を使って，マクスウェルの関係式 $(*p_0)$ も導こう。

（ⅰ）$\dfrac{\partial F}{\partial T} = -S \cdots\cdots (*n_0)''$ の両辺をさらに V で偏微分して，

$$\frac{\partial}{\partial V}\left(\frac{\partial F}{\partial T}\right) = -\frac{\partial S}{\partial V} \qquad \therefore \frac{\partial^2 F}{\partial V \partial T} = -\frac{\partial S}{\partial V} \cdots\cdots ② \quad となる。$$

（ⅱ）$\dfrac{\partial F}{\partial V} = -p \cdots\cdots (*n_0)'''$ の両辺をさらに T で偏微分して，

$$\frac{\partial}{\partial T}\left(\frac{\partial F}{\partial V}\right) = -\frac{\partial p}{\partial T} \qquad \therefore \frac{\partial^2 F}{\partial T \partial V} = -\frac{\partial p}{\partial T} \cdots\cdots ③ \quad となる。$$

ここで，$\dfrac{\partial^2 F}{\partial V \partial T}$ と，$\dfrac{\partial^2 F}{\partial T \partial V}$ は共に連続と考えると，シュワルツの定理より，

$\dfrac{\partial^2 F}{\partial V \partial T} = \dfrac{\partial^2 F}{\partial T \partial V}$ となる。よって，②，③ より，$-\dfrac{\partial S}{\partial V} = -\dfrac{\partial p}{\partial T}$

$\therefore \left(\dfrac{\partial S}{\partial V}\right)_T = \left(\dfrac{\partial p}{\partial T}\right)_V \cdots\cdots (*p_0)$ が導けるんだね。これも全部で **4** つある

マクスウェルの関係式の **1** つで，**3** 番目のものなんだね。**4** 番目のマクスウェルの関係式は，次のギブスの自由エネルギー G から導かれることも，もう容易に推測できると思う。**4** つのマクスウェルの関係式がそろったら，これらの簡単な覚え方についても解説しよう。

179

● G の熱力学的関係式を求めよう！

ギブスの自由エネルギー G は，

$G = \underbrace{H}_{U+pV} - TS = U + pV - TS = \underbrace{F}_{U-TS} + pV$ と表すことができ，この基本となる熱力

学的関係式は，

$\underbrace{dG}_{\substack{(\text{示量}) \\ (\text{単位}(\mathbf{J}))}} = \underbrace{-SdT}_{\substack{(\text{示量})\times(\text{示強}) \\ =(\text{示量}) \\ (\text{単位}(\mathbf{J}))}} + \underbrace{Vdp}_{\substack{(\text{示量})\times(\text{示強}) \\ =(\text{示量}) \\ (\text{単位}(\mathbf{J}))}}$ ……$(*o_0)$ なんだね。

$(*o_0)$ が
(示量変数)＝(示量変数)－(示量変数)
の形なっていること，また，各項の単位
がすべて $(\mathbf{J})$ であることを確認しよう。

$(*o_0)$ から，ギブスの自由エネルギー G は，T と p の関数，すなわち，$G(T, p)$ であることが読み取れるんだね。何故なら，$G(T, p)$ の全微分は，

$dG = \dfrac{\partial G}{\partial T}dT + \dfrac{\partial G}{\partial p}dp$ ……① となるからだ。

それでは，ここで，$(*o_0)$ を差分形式で表して，

$\Delta G = -S \cdot \Delta T + V \cdot \Delta p$ ……$(*o_0)'$ とおき，これから，(ⅰ)圧力 p が一定の場合と，(ⅱ)温度 T が一定の場合について調べてみよう。

(ⅰ) 圧力 p が一定の場合

p は定数で変化しないので，p の変化分 Δp は，当然 $\Delta p = 0$ となる。

これを $(*o_0)'$ に代入すると，$\Delta G = -S \cdot \Delta T + V \cdot \underset{\underset{\boxed{0}}{}}{\Delta p}$ より，

$\Delta G = -S \cdot \Delta T$ となる。これから，定圧変化では，「温度の変化分にエントロピーをかけた分だけ，ギブスの自由エネルギーは減少する」と言えるんだね。では次，

(ⅱ) 温度 T が一定の場合

T は定数で変化しないので，T の変化分 ΔT は，当然 $\Delta T = 0$ となる。

これを $(*o_0)'$ に代入すると，$\Delta G = -S \cdot \underset{\underset{\boxed{0}}{}}{\Delta T} + V \cdot \Delta p$ より，

$\Delta G = V \cdot \Delta p$ となるんだね。これから，等温変化では，「圧力の変化分に体積をかけたものは，ギブスの自由エネルギーの変化分に等しい」と言える。

●熱力学的関係式

　ではここで，可逆・不可逆を含めて，等温定圧変化において，ギブスの自由エネルギー G がどのような性質をもっているか，調べてみよう。

　まず，熱力学第 1 法則より，$dU = d'Q - pdV$ ……② であり，また可逆・不可逆の両過程を考慮に入れたエントロピーの式は，

$$dS \geqq \frac{d'Q}{T} \quad \text{……③} \quad \text{となる。}$$

③より，$TdS \geqq d'Q$ ……③′　←$\boxed{\text{可逆のとき等号, 不可逆のとき不等号}}$

②と③′より，$dU + pdV = d'Q \leqq TdS$

よって，$dU + pdV \leqq TdS$

$$dU + pdV - TdS \leqq 0 \quad \text{……④}$$

ここで，今，等温定圧変化を考えてみると，$dT = 0$，かつ $dp = 0$　よって，④の左辺に $Vdp (= 0)$ を加えても，$SdT (= 0)$ を引いても変化しないので，

$$dU + \underbrace{pdV + Vdp}_{\boxed{d(pV)}} \underbrace{- TdS - SdT}_{\boxed{-(TdS + SdT) = -d(TS)}} \leqq 0$$

$$dU + d(pV) - d(TS) \leqq 0$$

$$\underbrace{d(U + pV - TS)}_{\boxed{G} \leftarrow \boxed{\text{ギブスの自由エネルギー}((*m_0) \text{より})}} \leqq 0$$

$\therefore dG \leqq 0$ ……⑤　が導ける。⑤より，等温定圧過程において，

(ア) 可逆変化のときは，$dG = 0$ であり，G は変化しないが，

(イ) 不可逆変化のときは，$dG < 0$ となって，G が常に減少する向きに変化が生じることが分かったんだね。

(ア)の準静的(可逆な)等温定圧変化においては，$dT = 0$，$dp = 0$ より，これを $dG = -SdT + Vdp$ ……$(*o_0)$ に代入すれば，$dG = 0$ となることからも明らかだね。でも，等温で，かつ定圧な変化なんてあるんだろうか？って考えている人も多いと思う。思い出してほしい。実在の気体を臨界温度未満の温度で圧縮したとき，気液混合状態が生じるんだったね。このときの過程は，等温で，かつ定圧になっている。このように，準静的等温定圧変化では，ギブスの自由エネルギー G が変化しないことから，ファン・デル・ワールスの状態方程式における **"マクスウェルの規則"** (**等面積の規則**)が成り立つことを示せる。

181

● Gを使って，マクスウェルの規則を証明しよう！

P54で解説したように，nモルの実在の気体を臨界温度T_Cより低い温度T_0で，等温圧縮すると，図2に示すように，点Bでは，まだすべて気体の状態だけど，これから液化が始まり，点Cでは気体と液体の共存状態になり，最終的には点Aですべて液体になるんだったね。A，C，B点における系の気体と液体の状態のイメージも，図2の下に示しておいた。

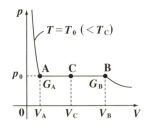

図2 実在の気体（nモル）

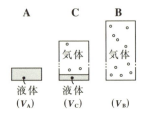

この気体が液化するB→Aの過程は，
$T = T_0$（一定），$p = p_0$（一定）で準静的な可逆過程，すなわち準静的等温定圧変化なんだね。よって，この変化の過程でギブスの自由エネルギー：
$G = U + pV - TS$ ……①　は変化しないことになる。
従って，状態Aと状態Bにおけるギブスの自由エネルギーをそれぞれG_A，G_Bとおくと，
$G_A = G_B$ ……②　が成り立つんだね。
ここで，①より，　　　　　　　　　圧力p_0と温度T_0は一定
$G_A = U_A + p_0 V_A - T_0 S_A$ ……③，　　$G_B = U_B + p_0 V_B - T_0 S_B$ ……④

A，Bにおける内部エネルギー，体積，エントロピーをそれぞれU_A，U_B，V_A，V_B，S_A，S_Bとおいた。

となる。この③，④を②に代入して，$S_B - S_A =$（式）の形にまとめると，

$U_A + p_0 V_A - T_0 S_A = U_B + p_0 V_B - T_0 S_B$

$T_0(S_B - S_A) = U_B - U_A + p_0(V_B - V_A)$

$\therefore S_B - S_A = \dfrac{U_B - U_A}{T_0} + p_0 \cdot \dfrac{V_B - V_A}{T_0}$ ……⑤　となる。

次，$T = T_0 (< T_C)$ における n モルの気体 (または液体) のファン・デル・ワールスの状態方程式の pV 図を図 3 に示す。これは，図 2 に示した実在の気体の pV 図を近似的に表したものだったんだね。

ここで，このファン・デル・ワールスの状態方程式を利用して，A→B の変化によるエントロピー変化分 $S_B - S_A$ を求めてみよう。すると，

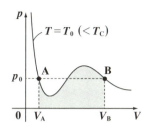

図 3 n モルの気体 (液体) のファン・デル・ワールスの状態方程式

$dS = \dfrac{1}{T_0}(dU + pdV)$ より， ← T_0 は一定

この p は曲線を描いて，一定ではない。

$S_B - S_A = \displaystyle\int_A^B dS = \dfrac{1}{T_0}\int_A^B (dU + pdV) = \dfrac{1}{T_0}\left(\int_{U_A}^{U_B} dU + \int_{V_A}^{V_B} pdV\right)$

$[U]_{U_A}^{U_B} = U_B - U_A$

$\therefore S_B - S_A = \dfrac{U_B - U_A}{T_0} + \dfrac{1}{T_0}\displaystyle\int_{V_A}^{V_B} pdV$ ……⑥ となるんだね。

⑤，⑥ は同じく，$S_B - S_A =$ (式) の形をしているので，これらの右辺同士を比較してまとめると，

$\dfrac{\cancel{U_B - U_A}}{\cancel{T_0}} + \dfrac{p_0(V_B - V_A)}{\cancel{T_0}} = \dfrac{\cancel{U_B - U_A}}{\cancel{T_0}} + \dfrac{1}{\cancel{T_0}}\displaystyle\int_{V_A}^{V_B} pdV$

$\therefore p_0(V_B - V_A) = \displaystyle\int_{V_A}^{V_B} pdV$ ……⑦ となる。

⑦の左辺は，横 $V_B - V_A$，縦 p_0 の長方形の面積を表しているんだね。これに対して，⑦の右辺は，図 3 の網目部で示しているように，$V_A \leqq V \leqq V_B$ の範囲において，ファン・デル・ワールスの状態方程式の曲線と V 軸とで挟まれる図形の面積を表しているんだね。ファン・デル・ワールスの状態方程式では，p は一定とならずに，V の関数として上下に波打つ曲線になっているわけだからね。でも，⑦式では，これら 2 つの面積が等しいと言っているんだね。

よって，⑦より，図2の実在気体と，図3のファン・デル・ワールスの状態方程式の2つのpV図を重ねて描くと，図4が描ける。これから，直線$p=p_0$とファン・デル・ワールスの状態方程式の曲線とで囲まれる2つの部分の面積をS_1, S_2とおくと，$S_1 = S_2$ ……⑧ が成り立つことが示されたんだね。これを逆に言うと，⑧が成り立つ

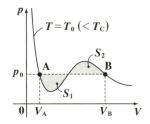

図4 マクスウェルの規則
(等面積の規則)

ように，圧力$p = p_0$ (一定)となる線分を引けばいいということになるんだね。

以上で，P58で紹介した"**マクスウェルの規則**"(または，"**等面積の規則**")の証明が終わったんだね。面白かったでしょう？

それでは，また，ギブスの自由エネルギー$G (=H-TS)$について，次の例題を解きながら，残りの熱力学的関係式を導くことにする。これらの手順も，もう何度もやってきているので，正確に迅速に導けるようになろう。

例題 26 ギブスの自由エネルギー$G = U + pV - TS$について，
$dG = -SdT + Vdp$ ……$(*o_0)$ が成り立つことから，次の熱力学的関係式を導いてみよう。

(1) $\left(\dfrac{\partial G}{\partial T}\right)_p = -S$ ……$(*o_0)''$ $\left(\dfrac{\partial G}{\partial p}\right)_T = V$ ……$(*o_0)'''$

(2) $\left(\dfrac{\partial S}{\partial p}\right)_T = -\left(\dfrac{\partial V}{\partial T}\right)_p$ ……$(*r_0)$ ← マクスウェルの関係式の1つ

---

(1) まず，$(*o_0)$から，GはTとpの関数，すなわち$G = G(T, p)$であること
（およびSとVも，Tとpの関数）
が分かる。よって，Gの全微分を示すと，

$dG = \underbrace{\left(\dfrac{\partial G}{\partial T}\right)_p}_{-S} dT + \underbrace{\left(\dfrac{\partial G}{\partial p}\right)_T}_{V} dp$ ……(a)   となる。

184

● 熱力学的関係式

(a) と $(*o_0)$ を比較すると, 公式:

$$\left(\frac{\partial G}{\partial T}\right)_p = -S \ \cdots\cdots(*o_0)'' \ \text{と}, \ \left(\frac{\partial G}{\partial p}\right)_T = V \ \cdots\cdots(*o_0)''' \ \text{が導ける}.$$

(2) それでは次, この $(*o_0)''$ と $(*o_0)'''$ を用いて, 4 番目の (最後の) マクスウェルの関係式: $\left(\dfrac{\partial S}{\partial p}\right)_T = -\left(\dfrac{\partial V}{\partial T}\right)_p \ \cdots\cdots(*r_0)$ を導くことにするよ。

(i) $\dfrac{\partial G}{\partial T} = -S \ \cdots\cdots(*o_0)''$

の両辺をさらに p で偏微分して,

$$\frac{\partial}{\partial p}\left(\frac{\partial G}{\partial T}\right) = -\frac{\partial S}{\partial p} \qquad \therefore \frac{\partial^2 G}{\partial p \partial T} = -\frac{\partial S}{\partial p} \ \cdots\cdots(b) \quad \text{となる}.$$

(ii) $\dfrac{\partial G}{\partial p} = V \ \cdots\cdots(*o_0)'''$ の両辺をさらに T で偏微分して,

$$\frac{\partial}{\partial T}\left(\frac{\partial G}{\partial p}\right) = \frac{\partial V}{\partial T} \qquad \therefore \frac{\partial^2 G}{\partial T \partial p} = \frac{\partial V}{\partial T} \ \cdots\cdots(c) \quad \text{となる}.$$

ここで, $\dfrac{\partial^2 G}{\partial p \partial T}$ と $\dfrac{\partial^2 G}{\partial T \partial p}$ は共に連続であるとすると, シュワルツの定理より, $\dfrac{\partial^2 G}{\partial p \partial T} = \dfrac{\partial^2 G}{\partial T \partial p}$ よって, (b), (c) より, $-\dfrac{\partial S}{\partial p} = \dfrac{\partial V}{\partial T}$

$$\therefore \left(\frac{\partial S}{\partial p}\right)_T = -\left(\frac{\partial V}{\partial T}\right)_p \ \cdots\cdots(*r_0) \ \text{が導けた}.$$

(ex) $(*o_0)$ の差分形式: $\Delta G = -S\Delta T + V\Delta p \ \cdots\cdots(*o_0)'$ を用いて準静的定圧過程において, 温度 T が, $T_A = 500\,(K)$ から $T_B = 500.2\,(K)$ に変化した。このとき, エントロピー S は近似的に $S = 100\,(J/K)$ で一定であるものとして, ギブスの自由エネルギーが, どれだけ変化するのか, 調べてみよう。

$p = (一定)$ より, $\Delta p = 0$ よって, $(*o_0)'$ より, $\Delta G = -S \cdot \Delta T \cdots(a)$ となる。ここで, $\Delta T = T_B - T_A = 500.2 - 500 = 0.2\,(K)$ このとき, $S = 100\,(J/K)$ (一定) より, (a) から, $\Delta G = -100 \times 0.2 = -20\,(J)$ となって, ギブスの自由エネルギー G は, $20\,(J)$ だけ減少する。

185

● 熱力学的関係式をまとめて示そう！

まず，4つの U, H, F, G の熱力学的関係式を下に示そう。これらをまず，すべて導けるように反復練習しておこう。これが，すべての基本になるからね。

4つの熱力学的関係式

（Ⅰ）内部エネルギー $U(S, V)$

$dU = TdS - pdV$ ………$(*h_0)$

（Ⅱ）エンタルピー $H(S, p) = U + pV$

$dH = TdS + Vdp$ ………$(*j_0)$

（Ⅲ）ヘルムホルツの自由エネルギー $F(T, V) = U - TS$

$dF = -SdT - pdV$ ……$(*n_0)$

（Ⅳ）ギブスの自由エネルギー $G(T, p) = U + pV - TS$

$dG = -SdT + Vdp$ ……$(*o_0)$

$(*n_0)$ について，次の例題で練習しておこう。

例題 27　公式：$dF = -SdT - pdV$ ……$(*n_0)$ を利用して，
準静的等温過程において，体積 V が，$V_A = 1.00\,(\text{m}^3)$ から
$V_B = 0.98\,(\text{m}^3)$ に変化した。この間，圧力 p は近似的に
$p = 2 \times 10^5\,(\text{Pa})$ で一定とみなせるものとする。このとき，ヘルムホルツの自由エネルギー F がどれだけ変化するか調べよう。

$(*n_0)$ の差分形式：$\Delta F = -S\Delta T - p\Delta V$ ……$(*n_0)'$ を用いる。

準静的等温過程より，$\Delta T = 0$ だから，$(*n_0)'$ は，

$\Delta F = -p \cdot \Delta V$ ……① となる。

ここで，$\Delta V = V_B - V_A = 0.98 - 1 = -0.02\,(\text{m}^3)$ である。

この間，圧力 p は $p = 2 \times 10^5\,(\text{Pa})$（一定）とみなせるので，①より，ヘルムホルツの自由エネルギー F は，

$\Delta F = -2 \times 10^5 \times (-0.02) = 4 \times 10^3\,(\text{J})$ だけ増加することが分かる。

●熱力学的関係式

では次，**4**つのエネルギー **U**，**H**，**F**，**G** の全微分から，次の **8** つの公式が導けるんだね。

(I) $U = U(S, V)$ より，$dU = \underset{\boxed{T}}{\underline{\left(\dfrac{\partial U}{\partial S}\right)_V}} dS + \underset{\boxed{-p}}{\underline{\left(\dfrac{\partial U}{\partial V}\right)_S}} dV$ ← $(*h_0)$ より

$\therefore \left(\dfrac{\partial U}{\partial S}\right)_V = T \cdots\cdots (*h_0)''$，$\left(\dfrac{\partial U}{\partial V}\right)_S = -p \cdots\cdots (*h_0)'''$

(II) $H = H(S, p)$ より，$dH = \underset{\boxed{T}}{\underline{\left(\dfrac{\partial H}{\partial S}\right)_p}} dS + \underset{\boxed{V}}{\underline{\left(\dfrac{\partial H}{\partial p}\right)_S}} dp$ ← $(*j_0)$ より

$\therefore \left(\dfrac{\partial H}{\partial S}\right)_p = T \cdots\cdots (*j_0)''$，$\left(\dfrac{\partial H}{\partial p}\right)_S = V \cdots\cdots (*j_0)'''$

(III) $F = F(T, V)$ より，$dF = \underset{\boxed{-S}}{\underline{\left(\dfrac{\partial F}{\partial T}\right)_V}} dT + \underset{\boxed{-p}}{\underline{\left(\dfrac{\partial F}{\partial V}\right)_T}} dV$ ← $(*n_0)$ より

$\therefore \left(\dfrac{\partial F}{\partial T}\right)_V = -S \cdots\cdots (*n_0)''$，$\left(\dfrac{\partial F}{\partial V}\right)_T = -p \cdots\cdots (*n_0)'''$

(IV) $G = G(T, p)$ より，$dG = \underset{\boxed{-S}}{\underline{\left(\dfrac{\partial G}{\partial T}\right)_p}} dT + \underset{\boxed{V}}{\underline{\left(\dfrac{\partial G}{\partial p}\right)_T}} dp$ ← $(*o_0)$ より

$\therefore \left(\dfrac{\partial G}{\partial T}\right)_p = -S \cdots\cdots (*o_0)''$，$\left(\dfrac{\partial G}{\partial p}\right)_T = V \cdots\cdots (*o_0)'''$

これらを，右辺の $-p$，$-S$，V，T でまとめると，次のようになる。

8つの熱力学的関係式

(1) $\left(\dfrac{\partial U}{\partial V}\right)_S = \left(\dfrac{\partial F}{\partial V}\right)_T = -p \cdots\cdots (*h_0)'''$，$(*n_0)'''$

(2) $\left(\dfrac{\partial F}{\partial T}\right)_V = \left(\dfrac{\partial G}{\partial T}\right)_p = -S \cdots\cdots (*n_0)''$，$(*o_0)''$

(3) $\left(\dfrac{\partial H}{\partial p}\right)_S = \left(\dfrac{\partial G}{\partial p}\right)_T = V \cdots\cdots (*j_0)'''$，$(*o_0)'''$

(4) $\left(\dfrac{\partial U}{\partial S}\right)_V = \left(\dfrac{\partial H}{\partial S}\right)_p = T \cdots\cdots (*h_0)''$，$(*j_0)''$

それでは，公式：$\left(\dfrac{\partial H}{\partial p}\right)_S = \left(\dfrac{\partial G}{\partial p}\right)_T = V$ ……$(*j_0)'''$, $(*o_0)'''$ を利用して，

次の例題を解いてみよう。

例題 28　公式：$\left(\dfrac{\partial H}{\partial p}\right)_S = \left(\dfrac{\partial G}{\partial p}\right)_T = V$ ……$(*j_0)'''$, $(*o_0)'''$ を利用して，

次の問いに答えよう。

(1) 準静的断熱過程において，圧力 p が，$p_A = 1.01 \times 10^5 \,(\mathrm{Pa})$ から $p_B = 1.04 \times 10^5 \,(\mathrm{Pa})$ に変化した。この間，体積 V は近似的に $V = 10^{-2} \,(\mathrm{m^3})$ で一定とみなせるものとする。このとき，エンタルピー H がどれだけ変化するか調べよう。

(2) 準静的等温過程において，圧力 p が，$p_A = 2.00 \times 10^5 \,(\mathrm{Pa})$ から $p_B = 1.98 \times 10^5 \,(\mathrm{Pa})$ に変化した。この間，体積 V は近似的に $V = 2 \times 10^{-2} \,(\mathrm{m^3})$ で一定とみなせるものとする。このとき，ギブスの自由エネルギー G がどれだけ変化するか調べよう。

---

(1) $\left(\dfrac{\partial H}{\partial p}\right)_S = V$ ……$(*j_0)'''$ より，

> これから，エントロピー S 一定より，$dS = \dfrac{d'Q}{T} = 0$ だから，これは断熱過程を表す。

準静的断熱過程において，近似的に，

$\dfrac{\Delta H}{\Delta p} = V$ より，$\Delta H = V\Delta p$ ……① となる。

ここで，$\Delta p = p_B - p_A = 1.04 \times 10^5 - 1.01 \times 10^5 = 0.03 \times 10^5 = 3 \times 10^3 \,(\mathrm{Pa})$ であり，この圧力のわずかな変化の間，体積 V は $V = 10^{-2} \,(\mathrm{m^3})$ (一定) とみなせるので，エンタルピー H は，①より，

$\Delta H = 10^{-2} \times 3 \times 10^3 = 30 \,(\mathrm{J})$ だけ増加することが分かる。

(2) $\left(\dfrac{\partial G}{\partial p}\right)_T = V$ ……$(*o_0)'''$ より，

> これから，T 一定より，等温過程であることが分かる。

準静的等温過程において，近似的に，

$\dfrac{\Delta G}{\Delta p} = V$ より，$\Delta G = V\Delta p$ ……② となる。

ここで，$\Delta p = p_B - p_A = 1.98 \times 10^5 - 2.00 \times 10^5 = -0.02 \times 10^5 = -2 \times 10^3 (\text{Pa})$ であり，この圧力のわずかな変化の間，体積 V は $V = 2 \times 10^{-2} (\text{m}^3)$（一定）とみなせるので，ギブスの自由エネルギー G は，②より，

$\Delta G = 2 \times 10^{-2} \times (-2) \times 10^3 = -40 (\text{J})$ となる。よって，ギブスの自由エネルギー G は $40(\text{J})$ だけ減少することが分かる。

● 4つのマクスウェルの関係式は楽に覚えられる！

4つのエネルギー U, H, F, G の熱力学的関係式から，それぞれ4つの独立変数 p, S, V, T に関する "**マクスウェルの関係式**" が導かれたんだね。

"ポーク(p)で，す(S)ぶ(V)た(T)"

この4つのマクスウェルの関係式もまとめて下に示そう。

4つのマクスウェルの関係式

(ⅰ) $\left(\dfrac{\partial T}{\partial V}\right)_S = -\left(\dfrac{\partial p}{\partial S}\right)_V$ ……($*i_0$)　　(ⅱ) $\left(\dfrac{\partial T}{\partial p}\right)_S = \left(\dfrac{\partial V}{\partial S}\right)_p$ ………($*k_0$)

(ⅲ) $\left(\dfrac{\partial S}{\partial V}\right)_T = \left(\dfrac{\partial p}{\partial T}\right)_V$ ………($*p_0$)　　(ⅳ) $\left(\dfrac{\partial S}{\partial p}\right)_T = -\left(\dfrac{\partial V}{\partial T}\right)_p$ ……($*r_0$)

これらの公式も，様々な式変形に役に立つんだね。ン!? でも，こんなに似たような公式をとても覚えられないって!? 当然だね。でも，これから，とっておきの覚え方を，ここで伝授しよう。

ポイントは，"**ポーク(p)で，す(S) ぶ(V) た(T)**"と，この円形の並べ方による正・負の符号に着目することだ。図5に示すように，数学では，角度（偏角）を表すとき，

図5　角度の正と負

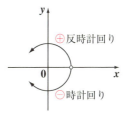

$\begin{cases}(\text{i})\ 反時計回りの角を正の角とし，\\ (\text{ii})\ 時計回りの角を負の角とするんだったね。\end{cases}$

これらのことを基にして，この4つのマクスウェルの関係式の覚え方を示そう。

189

まず，$(*i_0)$, $(*k_0)$, $(*p_0)$, $(*r_0)$ の各項の右下に付いている添字を無視すると，p, S, V, T の順に円形に並んで

"ポーク(p)で，す(S)ぶ(V)た(T)"

いることが分かるだろう。

4つのマクスウェルの関係式
(i) $\left(\dfrac{\partial T}{\partial V}\right)_S = -\left(\dfrac{\partial p}{\partial S}\right)_V$ ……$(*i_0)$
(ii) $\left(\dfrac{\partial T}{\partial p}\right)_S = \left(\dfrac{\partial V}{\partial S}\right)_p$ ………$(*k_0)$
(iii) $\left(\dfrac{\partial S}{\partial V}\right)_T = \left(\dfrac{\partial p}{\partial T}\right)_V$ ………$(*p_0)$
(iv) $\left(\dfrac{\partial S}{\partial p}\right)_T = -\left(\dfrac{\partial V}{\partial T}\right)_p$ ……$(*r_0)$

まず，起点となる p(ポーク)の位置は(i)，(iii)のように右上にくるか，(ii)，(iv)のように左下にくるかだけなので，これは固定して考えよう。そして，この p を起点にして，

(I) ポーク(p)で，す(S)ぶ(V)た(T)の順に反時計回りに回転して円形に並ぶときは，正なので，公式の右辺はそのままにする。

(II) ポーク(p)で，す(S)ぶ(V)た(T)の順に時計回りに回転して円形に並ぶときは，負なので，公式の右辺に⊖を付ける。

この覚え方の要領を，図6(i)〜(iv)に模式図で示そう。4つのマクスウェルの関係式も，これで機械的に覚えることができるのが分かるはずだ。

図6 マクスウェルの関係式の覚え方

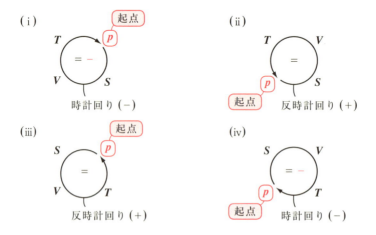

それでは，次の例題を$(*p_0)$のマクスウェルの関係式を利用して解いてみよう。

● 熱力学的関係式

> **例題 29** 公式：$\left(\dfrac{\partial S}{\partial V}\right)_T = \left(\dfrac{\partial p}{\partial T}\right)_V$ ……$(*p_0)$ を利用して，次の問題を解こう。
>
> ある熱力学的系について，(i)まず，この体積 $V_A = 10^{-2}\,(\mathrm{m}^3)$ で一定とした準静的定積過程で，温度 T を $T_A = 500\,(\mathrm{K})$ から $T_B = 500.2\,(\mathrm{K})$ だけ変化させたとき，圧力 p は $p_A = 5.01 \times 10^5\,(\mathrm{Pa})$ から $p_B = 5.04 \times 10^5\,(\mathrm{Pa})$ だけ変化した。
>
> (ii)次に，圧力 $p_A = 5.01 \times 10^5\,(\mathrm{Pa})$，体積 $V_A = 10^{-2}\,(\mathrm{m}^3)$，温度 $T_A = 500\,(\mathrm{K})$ に戻した後，温度 $T_A = 500\,(\mathrm{K})$ で一定とした準静的等温過程で，体積を $V_A = 10^{-2}\,(\mathrm{m}^3)$ から $V_B = 1.03 \times 10^{-2}\,(\mathrm{m}^3)$ に変化させた。このとき，エントロピー S がどのように変化するか，調べよう。

(i)まず，圧力 $p_A = 5.01 \times 10^5\,(\mathrm{Pa})$，$V_A = 10^{-2}\,(\mathrm{m}^3)$，$T_A = 500\,(\mathrm{K})$ の状態から，準静的定積過程で，温度を $T_B = 500.2\,(\mathrm{K})$ に変化させると，圧力は $p_B = 5.04 \times 10^5\,(\mathrm{Pa})$ になった。よって，$V_A = 10^{-2}\,(\mathrm{m}^3)$ 一定の状態で，温度 T と圧力 p の変化分は，

$\Delta T = T_B - T_A = 500.2 - 500 = 0.2\,(\mathrm{K})$

$\Delta p = p_B - p_A = 5.04 \times 10^5 - 5.01 \times 10^5 = 0.03 \times 10^5 = 3000\,(\mathrm{Pa})$ となる。

よって，$(*p_0)$ の右辺の近似値は，

$((*p_0) \text{の右辺}) = \left(\dfrac{\partial p}{\partial T}\right)_V \doteqdot \dfrac{\Delta p}{\Delta T} = \dfrac{3000}{0.2} = 1.5 \times 10^4\,(\mathrm{Pa/K})$ ……① となる。

$\boxed{V = 10^{-2}\,(\mathrm{m}^3)\ \text{一定}}$

(ii)次に，$p_A = 5.01 \times 10^5\,(\mathrm{Pa})$，$V_A = 10^{-2}\,(\mathrm{m}^3)$，$T_A = 500\,(\mathrm{K})$ の状態から，準静的等温過程で，体積を $V_B = 1.03 \times 10^{-2}\,(\mathrm{m}^3)$ に変化させると，エントロピー S は $\Delta S\,(\mathrm{J})$ だけ変化するものとする。よって，$T_A = 500\,(\mathrm{K})$ 一定の状態で，体積 V の変化分は，

$\Delta V = V_B - V_A = 1.03 \times 10^{-2} - 10^{-2} = 0.03 \times 10^{-2} = 3 \times 10^{-4}\,(\mathrm{m}^3)$ である。

よって，$(*p_0)$ の左辺の近似値は，

$((*p_0) \text{の左辺}) = \left(\dfrac{\partial S}{\partial V}\right)_T \doteqdot \dfrac{\Delta S}{3 \times 10^{-4}}\,(\mathrm{J/K\,m}^3)$ ……② となる。

$\boxed{T = 500\,(\mathrm{K})\ \text{一定}}$

以上 (i)(ii)の①，②より，$(*p_0)$ は近似的に，$\dfrac{\Delta S}{3 \times 10^{-4}} = 1.5 \times 10^4$ となる。

∴ $\Delta S = 4.5\,(\mathrm{J/K})$ より，エントロピー S は，$4.5\,(\mathrm{J/K})$ だけ増加する。

191

それでは，マクスウェルの関係式を使った，より本格的な問題を解いてみよう。次の例題では，まず，"**エネルギー方程式**"：

$\left(\dfrac{\partial U}{\partial V}\right)_T = T\left(\dfrac{\partial p}{\partial T}\right)_V - p$ ……$(*s_0)$ を，$(*p_0)$ のマクスウェルの関係式から導き，

このエネルギー方程式を用いて，理想気体の内部エネルギー U が体積 V に依存せず，温度 T のみの関数であることを示そう。ン？ 難しそうだって？でも，これまで頑張ってきたキミ達なら十分理解できると思う。

例題 30 **(1)** U の熱力学的関係式：

$dU = TdS - pdV$ ……$(*h_0)$ から

$\left(\dfrac{\partial U}{\partial V}\right)_T = T\left(\dfrac{\partial S}{\partial V}\right)_T - p$ ……① を導き，さらに，マクスウェルの関係式を用いて，次のエネルギー方程式：

$\left(\dfrac{\partial U}{\partial V}\right)_T = T\left(\dfrac{\partial p}{\partial T}\right)_V - p$ ……$(*s_0)$ を導こう。

(2) エネルギー方程式 $(*s_0)$ を利用して，理想気体の内部エネルギー U は，体積 V には依存しないことを示そう。

---

(1) U の基本的な熱力学的関係式：

$dU = TdS - pdV$ ……$(*h_0)$ を差分形式で表して，

$\Delta U = T \cdot \Delta S - p \cdot \Delta V$ となる。この両辺を ΔV で割って，

$\dfrac{\Delta U}{\Delta V} = T \cdot \dfrac{\Delta S}{\Delta V} - p$ ……⓪ となる。

ここで，$U = U(T, V)$，$S = S(T, V)$ と考えて，T 一定の条件の下で，

$\Delta V \to 0$ の極限を求めると，⓪は，

> 準静的等温変化を考える

$\left(\dfrac{\partial U}{\partial V}\right)_T = T\left(\dfrac{\partial S}{\partial V}\right)_T - p$ ……① となるんだね。

> $\left(\dfrac{\partial p}{\partial T}\right)_V$ （マクスウェルの関係式 $(*p_0)$ より）

● 熱力学的関係式

①の右辺第一項の偏微分 $\left(\dfrac{\partial S}{\partial V}\right)_T$ について，す(S) ぶ(V) がきている

ので，ここでは右上にポーク(p)をもってきて，反時計回りの公式：

$\left(\dfrac{\partial S}{\partial V}\right)_T = \left(\dfrac{\partial p}{\partial T}\right)_V$ ……$(*p_0)$ を使えばいいことが分かるんだね。

間違えて

$\left(\dfrac{\partial p}{\partial T}\right)_V = -\left(\dfrac{\partial S}{\partial V}\right)_T$ としてはいけない！ 左上に p は

こないからだ。p がくるのは，右上か，左下だけだと覚えておこう！

ここで，マクスウェルの関係式：

$\left(\dfrac{\partial S}{\partial V}\right)_T = \left(\dfrac{\partial p}{\partial T}\right)_V$ ……$(*p_0)$ を①に代入して，

エネルギー方程式：

$\left(\dfrac{\partial U}{\partial V}\right)_T = T\cdot\left(\dfrac{\partial p}{\partial T}\right)_V - p$ ……$(*s_0)$ が導かれるんだね。

(2) n モルの理想気体の状態方程式：$pV = nRT$ より，

$p = \dfrac{nRT}{V}$ ……② となる。②を $(*s_0)$ に代入して，

$\left(\dfrac{\partial U}{\partial V}\right)_T = T\cdot\dfrac{\partial}{\partial T}\left(\dfrac{nR}{V}\cdot T\right)_V - p = T\times\dfrac{nR}{V} - p = p - p = 0$ となる。

$\underbrace{}_{\text{定数 }(\because V\text{一定})}$ $\underbrace{}_{p\ (\text{②より})}$

以上より，T 一定の条件で，U を V で偏微分したものが 0 となったので，U は V に依存しない関数であることが分かったんだね。結構大変だったけれど，面白かったでしょう？

この後は，さらに，U が V と T の関数になる演習問題を 1 題頑張って解いてみよう！

以上で,「**初めから学べる 熱力学キャンパス・ゼミ**」の講義はすべて終了です。みんな,よく頑張ったね!

高校で学習する熱力学と違って,大学で学ぶ熱力学では,微分・積分など,数学が多用されるので,かなり難しく感じたかも知れないね。でも,物理と数学って,切っても切れない関係があるので,数学を利用することによって,より正確に,そしてより幅広く,熱力学の様々な分野を理解できるようになるんだね。

今は,少し疲れているかも知れないけれど,そんなときは,ゆっくり休息をとって,元気が出たら,また何度でも繰り返し反復練習して,本当に納得して,マスターできるまで練習するといいんだね。

これだけでも,熱力学のかなりの部分をカバーしているので,大学の定期試験で合格点を取れるかもしれないけれど,さらに高得点を狙いたい方,また,大学院の院試を受験したい方は,この後,より本格的な熱力学の参考書「**熱力学キャンパス・ゼミ**」(マセマ)で学習されることを勧めます。

本書が,これから熱力学を学んでいく皆さんにとって,よきパートナーとして十分に利用して頂けることを,そして皆さんのご成長を,マセマ一同心より祈っています。

マセマ代表　馬場敬之

● 熱力学的関係式

演習問題 11　　　● 内部エネルギー $u(v, T)$ ●

ファン・デル・ワールスの状態方程式：$\left(p + \dfrac{a}{v^2}\right)(v - b) = RT$ ……① で表される $1(\text{mol})$ の気体の内部エネルギー u は，体積 v と温度 T の関数 $u(v, T)$ として表すことができる。

u の全微分：$du = \left(\dfrac{\partial u}{\partial T}\right)_v dT + \left(\dfrac{\partial u}{\partial v}\right)_T dv$ ………② と，

エネルギー方程式：$\left(\dfrac{\partial u}{\partial v}\right)_T = T\left(\dfrac{\partial p}{\partial T}\right)_v - p$ ……③ を用いて，u が，

$u = C_v T - \dfrac{a}{v} + u_0$ ……(*) と表されることを示せ。（ただし，定積モル比熱 C_v，a，b，u_0 はすべて定数とする。）

ヒント！ すべて，$1(\text{mol})$ の気体で表されているので，P192 で解説した "エネルギー方程式" も，$\left(\dfrac{\partial u}{\partial v}\right)_T = T \cdot \left(\dfrac{\partial p}{\partial T}\right)_v - p$ ……③ として，U，V の代わりに u，v で表しているんだね。③を②に代入して，まとめた後，両辺を不定積分することにより，(*) を導くことができる。

解答＆解説

①のファン・デル・ワールスの状態方程式を変形して，

$p = \dfrac{RT}{v - b} - \dfrac{a}{v^2}$ ……①′ となる。（R：気体定数，a，b：定数）

①′ の状態方程式で表される $1(\text{mol})$ の気体の内部エネルギー u を，v と T の 2 変数関数として，$u(v, T)$ で表されるものとすると，この全微分 du は，

$du = \left(\dfrac{\partial u}{\partial T}\right)_v dT + \left(\dfrac{\partial u}{\partial v}\right)_T dv$ ……② となり，

$z = f(x, y)$ の全微分 dz は，
$dz = \dfrac{\partial f}{\partial x} dx + \dfrac{\partial f}{\partial y} dy$ である。

このエネルギー方程式は，

$\left(\dfrac{\partial u}{\partial v}\right)_T = T\left(\dfrac{\partial p}{\partial T}\right)_v - p$ ……③ である。

③を②に代入すると，

$du = \left(\dfrac{\partial u}{\partial T}\right)_v dT + \left\{T \cdot \left(\dfrac{\partial p}{\partial T}\right)_v - p\right\} dv$ ……④ となる。

195

ここで，体積 v 一定として，p を
T で微分すると，①′より，

$$\left(\frac{\partial p}{\partial T}\right)_v = \frac{\partial}{\partial T}\left(\frac{R}{v-b}T - \frac{a}{v^2}\right)$$

$\boxed{\text{定数}}$　$\boxed{\text{定数}}$

$$= \frac{R}{v-b}\cdot 1 = \frac{R}{v-b} \cdots\cdots ⑤ \quad \text{となる。}$$

> ・$p = \dfrac{RT}{v-b} - \dfrac{a}{v^2}$ $\cdots\cdots\cdots\cdots\cdots$ ①′
>
> ・$du = \left(\dfrac{\partial u}{\partial T}\right)_v dT + \left\{T\cdot\left(\dfrac{\partial p}{\partial T}\right)_v - p\right\}dv$ $\cdots\cdots$ ④

⑤を④に代入し，また，定積モル比熱 $C_V = \left(\dfrac{\partial u}{\partial T}\right)_v$ より，④は，

$$du = C_V dT + \left\{T\cdot\frac{R}{v-b} - p\right\}dv = C_V dT + \left(\frac{RT}{v-b} - p\right)dv$$

$\boxed{\left(\dfrac{\partial u}{\partial T}\right)_v}$　$\boxed{\left(\dfrac{\partial p}{\partial T}\right)_v}$　$\boxed{\text{定数}}$　$\boxed{\dfrac{a}{v^2}\ (\text{①より})}$

よって，$du = C_V dT + \dfrac{a}{v^2}dv \cdots\cdots ⑥$ 　（C_V, a：定数）となる。

⑥の両辺を不定積分すると，

$$\int du = \int C_V dT + \int av^{-2}dv \text{ より，}$$

$\boxed{u}$　$\boxed{\begin{array}{c}C_V\int dT\\ = C_V\cdot T\end{array}}$　$\boxed{-av^{-1}+u_0}$

$\boxed{\text{最後にまとめて積分定数 } u_0 \text{ をたす}}$

求める内部エネルギー $u(v, T)$ は，

$$u(v, T) = C_V T - \frac{a}{v} + u_0 \cdots\cdots (*) \text{ と表される。} \cdots\cdots\cdots\cdots\cdots\cdots (終)$$

　（ただし，C_V, a, u_0：定数）

● 熱力学的関係式

講義6 ●熱力学的関係式　公式エッセンス

1. U と H の熱力学的関係式

（I）内部エネルギー U について，次の関係式が成り立つ。

（ i ）$dU = TdS - pdV$　　（ii）$\left(\dfrac{\partial U}{\partial S}\right)_V = T,\ \left(\dfrac{\partial U}{\partial V}\right)_S = -p$

（II）エンタルピー H について，次の関係式が成り立つ。

（ i ）$dH = TdS + Vdp$　　（ii）$\left(\dfrac{\partial H}{\partial S}\right)_p = T,\ \left(\dfrac{\partial H}{\partial p}\right)_S = V$

2. 4つの熱力学的関係式

（I）内部エネルギー $U(S,\ V)$

$dU = TdS - pdV$

（II）エンタルピー $H(S,\ p) = U + pV$

$dH = TdS + Vdp$

（III）ヘルムホルツの自由エネルギー $F(T,\ V) = U - \underline{TS}$

$dF = -SdT - pdV$ 　　　　　　　 束縛エネルギー

（IV）ギブスの自由エネルギー $G(T,\ p) = U + pV - \underline{TS}$

$dG = -SdT + Vdp$ 　　　　　　　 束縛エネルギー

3. 8つの熱力学的関係式

（1）$\left(\dfrac{\partial U}{\partial V}\right)_S = \left(\dfrac{\partial F}{\partial V}\right)_T = -p$　　（2）$\left(\dfrac{\partial F}{\partial T}\right)_V = \left(\dfrac{\partial G}{\partial T}\right)_p = -S$

（3）$\left(\dfrac{\partial H}{\partial p}\right)_S = \left(\dfrac{\partial G}{\partial p}\right)_T = V$　　（4）$\left(\dfrac{\partial U}{\partial S}\right)_V = \left(\dfrac{\partial H}{\partial S}\right)_p = T$

4. 4つのマクスウェルの関係式

（ i ）$\left(\dfrac{\partial T}{\partial V}\right)_S = -\left(\dfrac{\partial p}{\partial S}\right)_V$　　（ii）$\left(\dfrac{\partial T}{\partial p}\right)_S = \left(\dfrac{\partial V}{\partial S}\right)_p$

（iii）$\left(\dfrac{\partial S}{\partial V}\right)_T = \left(\dfrac{\partial p}{\partial T}\right)_V$　　（iv）$\left(\dfrac{\partial S}{\partial p}\right)_T = -\left(\dfrac{\partial V}{\partial T}\right)_p$

"ポーク(p)で，す(S)ぶ(V)た(T)"と覚えよう！

Appendix(付録)

補充問題 1 ● 微分方程式 ●

微分方程式：$\dfrac{dy}{dx} = y(1-y)$ …① $(0 < y < 1)$ $\left(x = 0 \text{ のとき } y = \dfrac{1}{10}\right)$ を解け。

ヒント！ 変数を分離して $\displaystyle\int \dfrac{1}{y(1-y)} dy = \int 1 \cdot dx$ として解けばいい。この結果は，ロジスティック曲線という，微生物などの相対個数の増加現象を表す関数になる。

解答＆解説

①を変形して，$\dfrac{1}{y(1-y)} dy = 1 \cdot dx$ $(0 < y < 1)$

この両辺の不定積分を求めて，

$$\int \underline{\dfrac{1}{y(1-y)}} dy = \int 1 \cdot dx \quad \int \left(\dfrac{1}{y} - \dfrac{-1}{1-y}\right) dy = \int 1 \cdot dx$$

$$\boxed{\dfrac{1}{y} + \dfrac{1}{1-y} = \dfrac{1}{y} - \dfrac{-1}{1-y}}$$

$\log y - \log(1-y) = x + C_1$ （C_1：積分定数）

$\log \dfrac{y}{1-y} = x + C_1$ より， $\dfrac{y}{1-y} = e^{x+C_1} = \underbrace{e^{C_1}}_{C \text{ とおく}} \cdot e^x$

$\dfrac{y}{1-y} = Ce^x$ ……② （C：積分定数） ここで，$x = 0$ のとき $y = 0.1$ より，

$\underbrace{\dfrac{0.1}{0.9}}_{\frac{1}{9}} = Ce^0 \quad \therefore C = \dfrac{1}{9}$ よって②は， $\dfrac{y}{1-y} = \dfrac{1}{9} e^x$

この逆数をとって， $\dfrac{1-y}{y} = 9e^{-x}$, $\dfrac{1}{y} = 1 + 9e^{-x}$

$\therefore y = \dfrac{1}{1+9e^{-x}}$ ……③ となる。……………(答)

$\left(\begin{array}{l}\text{③のグラフは，微生物などの相対的な個体数が増加し，}\\ \text{やがて 1 に飽和していく状態を示している。}\end{array}\right)$

● Appendix

◆ Term・Index ◆

あ行

圧力 …………………………… 34
アボガドロ数 ………………… 39
エネルギー等分配の法則 …… 48
エンタルピー ………………… 84
エントロピー ………………… 138
――――― 増大の法則 …… 155
温度 …………………………… 33

か行

可逆過程 ……………………… 71
カルノー・エンジン ………… 102
カルノー・サイクル ………… 102
カルノーの定理 ……………… 129
還元化された変数 …………… 62
還元状態方程式 ……………… 63
気体定数 ……………………… 38
ギブスの自由エネルギー …… 175
逆カルノー・サイクル ……… 105
クラウジウスの原理 ………… 121
原始関数 ……………………… 16
原子量 ………………………… 39

さ行

サイクル ……………………… 78
作業物質 ……………………… 78

3原子分子 …………………… 73
示強変数 ……………………… 83
シャルルの法則 ……………… 35
自由度 ………………………… 48
シュワルツの定理 …………… 168
循環過程 ……………………… 78
準静的過程 …………………… 70
状態変数 ……………………… 33
状態量 ………………………… 33
常微分 ………………………… 25
示量変数 ……………………… 83
絶対温度 ……………………… 33
絶対零度 ……………………… 33
全微分 ………………………… 27
束縛エネルギー ……………… 175

た行

第1種の永久機関 …………… 78
対偶 …………………………… 119
体積 …………………………… 33
第2種の永久機関 …………… 123
多原子分子 …………………… 73
単原子分子 ……………… 44, 73
断熱変化 ……………………… 90
定圧モル比熱 ………………… 85

定積分	18	ファン・デル・ワールスの状態方程式	57
定積モル比熱	85	不可逆過程	71
導関数	12	不定積分	16
同値	121	ブレイトン・サイクル	111
等面積の規則	59, 184	平均変化率	12
トムソンの原理	121	ヘルムホルツの自由エネルギー	175

な行

内部エネルギー	71	偏微分	25
2原子分子	73	ポアソンの関係式	91
熱効率	104	ボイル‐シャルルの法則	37
熱の仕事当量	69	ボイルの法則	35
熱平衡	68	ボルツマン定数	48
熱力学第1法則	75		

ま行

熱力学第0法則	69	マイヤーの関係式	87
熱力学第2法則	121	マクスウェルの関係式	189
熱力学的関係式	173, 186, 187	マクスウェルの規則	58, 184
		モル比熱	82

は行

ら行

背理法	128	力積	45
速さの2乗平均根	49	理想気体	39
被積分関数	16	———— の状態方程式	39
必要十分条件	121	臨界圧力	55
比熱比	89	臨界温度	55
微分方程式	20	臨界体積	55
ファン・デル・ワールス定数	57	臨界点	55

大学物理入門編
初めから学べる 熱力学
キャンパス・ゼミ

著 者 馬場 敬之
発行者 馬場 敬之
発行所 マセマ出版社
〒 332-0023 埼玉県川口市飯塚 3-7-21-502
TEL 048-253-1734　FAX 048-253-1729
Email：info@mathema.jp
http://www.mathema.jp

編　集	七里 啓之	令和 5 年 12 月 8 日 初版発行
校閲・校正	高杉 豊　笠 恵介　秋野 麻里子	
組版制作	間宮 栄二　町田 朱美	
カバーデザイン	馬場 冬之	
ロゴデザイン	馬場 利貞	
印刷所	中央精版印刷株式会社	

ISBN978-4-86615-322-3 C3042
落丁・乱丁本はお取りかえいたします。
本書の無断転載、複製、複写（コピー）、翻訳を禁じます。
KEISHI BABA 2023 Printed in Japan